游动的宝石

锦鲤

［日本］尾形学

翻译　张宏

河海大学出版社

HOHAI UNIVERSITY PRESS

·南京·

图书在版编目（ＣＩＰ）数据

游动的宝石：锦鲤／（日）尾形学著；张宏译. －－
南京：河海大学出版社，2022.11（2023.2重印）
　ISBN 978－7－5630－7538－6

Ⅰ.①游… Ⅱ.①尾… ②张… Ⅲ.①锦鲤-鱼类养
殖 Ⅳ.①S965.812

中国版本图书馆 CIP 数据核字（2022）第 090857 号

图字：10-2020-24 号

翻译：张　宏
译校：顾红英
编委：潘建林　韩　飞　黄鸿兵　李潇轩　林　凯
　　　刘　电　俞雅文　尹思慧　代　培　杨志强

书　　　名　游动的宝石——锦鲤
　　　　　　YOUDONG DE BAOSHI——JINLI
书　　　号　ISBN 978-7-5630-7538-6
责任编辑　卢蓓蓓
责任校对　周　贤
封面设计　徐娟娟
装帧设计　岳艳秋
出版发行　河海大学出版社
地　　　址　南京市西康路 1 号（邮编：210098）
电　　　话　（025）83737852（总编室）
　　　　　　（025）83722833（营销部）
经　　　销　江苏省新华发行集团有限公司
印　　　刷　南京工大印务有限公司
开　　　本　890 毫米×1240 毫米　1/32
印　　　张　9.5
字　　　数　198 千字
版　　　次　2022 年 11 月第 1 版
印　　　次　2023 年 2 月第 2 次印刷
定　　　价　88.00 元

前　言

锦鲤，素有"观赏鱼之王"的美誉。锦鲤姿态优雅，不但是日本人民引以为豪的艺术瑰宝，而且还深受不同年龄、不同性别和不同国籍的人们的喜爱。多年来，"锦鲤热"在全世界各国方兴未艾，经久不衰。

锦鲤在日本被称为"国鱼"。不过，就连很多日本人也不了解它们的来历，也不知道它们为何受到爱好者们的追捧。

可以说，锦鲤虽小，其中的学问却不少。本书不但介绍了锦鲤的发展历史、锦鲤的独特魅力以及海外锦鲤事业发展概况等科普性常识，而且还对锦鲤的品种及鉴赏、锦鲤的养护管理以及常见疾病防治等专业性较强的知识加以详细说明。

我衷心地希望，本书能够引领读者朋友一起进入"游动的宝石"——锦鲤的缤纷王国，通过锦鲤获得心灵的滋养和美的享受！我更期待，读完本书以后，正在饲养锦鲤的爱好者们能够更加深刻地领略到锦鲤的魅力，而对锦鲤已经"心动"的朋友们则立刻"行动"起来，早日真正享受到锦鲤带来的乐趣。

目 录

第一章
锦鲤的历史

锦鲤的故乡

日本的锦鲤最早出现于日本新潟县二十村乡[1]。很久以前，每当冬季来临，皑皑白雪便覆盖整个小山村，阻隔了对外交通，使它成为一个与世隔绝的孤岛。由于这里地处内陆，远离海岸，从江户时代中期起，村民们便开始在自家院子里挖出一方小池塘，用于饲养鲤鱼。鲤鱼富含蛋白质，可以为村民们提供珍贵的营养来源，帮他们捱过漫漫长冬。吃不完的鲤鱼，则在冰雪消融之后，被放养到用于灌溉梯田的蓄水池里。

春天，鲤鱼开始产卵，孵化出的小鱼苗随着流水游进梯田。

后来，细心的村民发现，一些鱼苗的体色出现了细微变化。野生浅黄鲤[2]发生变异，腹部出现绯红色斑块。一些野生黑鲤[3]，则变异成通体红色的火鲤[4]。自家田里这些颜色各异的鲤鱼，成为了村民们向村里人炫耀的资本。

---

[1] 二十村乡：泛指新潟县山古志地区的原二十村乡。所谓"锦鲤的故乡"，主要指平成年间市町村合并之前的"山古志"地区，包括当时的小千谷市和鱼沼一带。现在，锦鲤生产则主要分散在长冈市、小千谷市、鱼沼市等地。
[2] 野生浅黄鲤：野生浅黄鲤属于野生鲤鱼，体色带有淡紫色。从特征上来看，锦鲤源头应该是产于上田乡的野生浅黄鲤。今天的红白锦鲤，便脱胎于野生浅黄鲤的后代——鸣海浅黄鲤。
[3] 野生黑鲤：野生黑鲤是最为常见的一种野生鲤鱼，全身带有黄褐色光泽。黄写锦鲤是黑鲤基因突变形成的品种，而赤别甲锦鲤则由野生黑鲤与火鲤交配而逐渐形成。
[4] 火鲤：全身纯红的鲤鱼。

上、下：山古志地区

"你们看，咱家田里这些小鲤鱼，从来没见过这样的颜色呢。"

"弥助家的鲤鱼，可真漂亮！"

"又兵卫家池塘里的鲤鱼长出带颜色的花纹啦！"

也许，这些村民并不知道，他们即将开启一个新的时代。

他们凭借多年的经验，让鲤鱼交配、产卵和孵化。

"这种雌鱼和那种雄鱼交配，应该就能产下带花纹的鲤鱼。"

"你说得不对，应该用这种雌鱼和那种雄鱼交配才对嘛！"

殊不知，正是村民们这种探索钻研的热情，催生了一个鲤鱼品种改良的新时代！每到春天，村头村尾都能听到村民们热烈地谈论着关于鲤鱼的话题。

那个年代，偏僻的穷山村缺少娱乐生活。单调乏味的现实生活，激发了村民们的好奇心和对美的追求，使他们异常敏锐地捕捉到野生鲤鱼发生的细微变化。为了培育出更加美丽、更加稀有的鲤鱼品种，他们孜孜不倦地努力着，探索着，不但推动了锦鲤品种的更新和进化，也赋予了它们特殊的艺术价值。

日本江户时代后期，经过几代野生鲤鱼的反复交配和淘汰，村民们培育出了鲤鱼新品种——"更纱"[5]。"更纱"的特点是

---

[5] 更纱：原指印有人物、花鸟和几何图案的印花棉布。后来，专指红白相间的金鱼。因此，当最初出现纯白底色上缀有红色花纹的锦鲤时，也借用了"更纱"这一名称。

纯白的鱼鳞上点缀着红色花纹，它是今天"红白"锦鲤的起源。毫无疑问，"更纱"的出现在当时是一件具有划时代意义的大事。但是，它和今天的"红白"还远不能相提并论。根据文献史料的记载推测，当时的"更纱"大约相当于现在的"红面纱"[6]或者"红头巾"[7]的水平。

进入明治时期，"更纱"品种得到进一步改良升级。与此同时，野生浅黄鲤经过改良和人工培育，一个新品种——"黄写锦鲤"得以确立，其产量也日益扩大。

明治中期以后，各家各户培育的鲤鱼呈现出明显不同的特征。

"中吉家的更纱浑身通红，实在太漂亮了！"

"德右门家的黄写，体型特别好看。"

人们提到的这些新品种的鲤鱼，就是锦鲤的起源。

村民们对鲤鱼的培育倾注了极大的热情。为了培育出色泽更加美丽、花纹更加特别的锦鲤品种，大家都暗暗地铆足了劲，不断潜心钻研。明治22年，东山村兰木的广井国藏将现代意义上的"红白"锦鲤作为一个新的品种固定下来。主人用自己的商号，将这些红白锦鲤命名为"五助更纱"[8]，从

---

[6] 红面纱：江户时代，"红面纱"专指整个头部呈红色的红白品种。

[7] 红头巾：江户时代，"红头巾"专指头部前半部带有红色的红白品种。

[8] 五助更纱：大正博览会上展出的几乎全都是红白锦鲤，当时还没有形成正式的名称，大家通常都会给自己的爱鲤起一个昵称。当时的五助更纱倒底是什么模样呢？由于既没有照片也没有手绘图片，我们只能借助大正博览会展品图册中的图画，想象它大概的模样。

此风靡一世。

随着时代的推移，日本进入大正年间。这时，锦鲤养殖再次发生重大变革。

东山村朝日的佐藤平太郎说："你看，我们家红白鲤鱼苗身上出现了黑色的图案。"

他的邻居吉田久吉不屑一顾地说，"这有什么好大惊小怪的，不过是红白鲤鱼的鱼鳞上长了斑点而已。别犯傻了，快把它煮了吃掉吧，要不然你家的红白可要掉价啦。"

听了久吉的话，平太郎不情愿地扔掉了那些鲤鱼。可是，佐藤的儿子薰太郎偷偷地把其中的几条放进了自家屋后的池塘里。几个月以后，当平太郎放干池塘里的水，眼前出现了惊人的一幕：原本红白两色的锦鲤身体上竟然长出了墨黑色花纹！这样的鲤鱼，可是平生第一次见到啊。平太郎抑制不住心里的惊喜，忙不迭告诉了久吉。

同样，久吉也是第一次见到这样的新品种，连忙央求平太郎："这种鲤鱼以前从没见过，求求你，送我一条吧！"

平太郎毫不犹豫地拒绝了——"才不会送给你呢，它们可是我家的宝贝。"

这段村民之间的对话，完全出于笔者的想象。不过，大正年间，当这种带有红、白、黑三色的鲤鱼第一次出现在人们眼前的时候，一定给大家带来不小的惊喜。

东山村是个偏远的小山村，这些带花纹的鲤鱼不过是村民们自娱自乐的玩宠。当时，甚至连"锦鲤"这个名词都还没有出现。

就在这时，大正博览会即将在东京举行。村民们开始合计着，要把这些带花纹的鲤鱼送到博览会上展出。于是，他们组成行业协会，积极着手准备。

在东山村村长平泽彦三郎的带领下，村民们成立了"东山村竹泽鲤鱼参展组合"。大家拿出全村最好的鲤鱼，并起了名字——"越后变种鲤鱼"[9]。结果，这些鲤鱼在博览会上一经展出，立刻引起轰动，引得许多观众驻足围观。

我们很难想象，锦鲤在博览会的初次亮相，到底给观众们带去了怎样的惊喜。最终参展的特种鲤鱼荣获博览会银奖。

这次大正博览会成为了锦鲤推广的一个新起点。从此，锦鲤进入大众视野，并开始流通销售，从新潟县走向日本全国。据说，在当时，一条品相特别优美的锦鲤，竟然能够卖出一座独栋别墅的价格。

时过境迁，日本进入了混乱和动荡不安的昭和年代（1925年12月—1989年1月）。昭和时期，一个新的锦鲤品种诞生了，它就是昭和三色。

昭和三色由黄写锦鲤与松川化锦鲤杂交而成，全身呈红、

---

[9] 越后变种鲤鱼：在锦鲤的原产地，从明治时代到大正时代，一直将变异的鲤鱼称为"花纹鲤"或"花纹鱼"。参加大正博览会时，当地人开始使用"变种鲤鱼"这一名称。后来，进入流通销售领域以后，被称为"越后变种鲤鱼"。由于名称太长，后改名为"色鲤"。但是，日语中"色鲤"，与"好色"谐音，后改称"花鲤"。直到大正时代，人们开始使用"锦鲤"这个名称，并在昭和时代逐渐沿用开来。

上：日本大正博览会展品图册（伊佐与喜雄收藏）中出现的间野专之
助饲养的锦鲤

下：银奖证书

白、黑三种颜色，是由竹泽地区的星野重吉于昭和二年（1927年）确立的品种。虽然昭和三色和大正三色的色彩相近，但两者的血统却完全不同。

锦鲤新时代的到来

二战结束后，锦鲤新品种接连出现，令人应接不暇。光鲤系品种逐渐成熟定型，纯色光写锦鲤有黄金、山吹黄金、白金黄金等品种，花纹皮光写锦鲤又可分为菊翠、孔雀、大和锦等。

20世纪50年代，日本迎来经济高速增长期。一些家庭住上了独门独院的别墅式住宅。在自家院子里挖一个专门用来饲养锦鲤的水池，成为当时日本的一大风尚。

随着锦鲤热不断升温，锦鲤产地——山古志村各个品种的锦鲤养殖规模不断扩大，实现了跨越式发展。锦鲤买家和参观者纷至沓来，小山村里停满了日本各地牌号的汽车，外来的客人络绎不绝，一时间热闹非凡。

20世纪60年代，日本出现第一次锦鲤热潮。于是，由锦鲤生产者和销售者们自主组织的"全日本锦鲤振兴会"[10]于

---

[10] 全日本锦鲤振兴会：是由锦鲤生产者、流通业者以及经营锦鲤周边商品的从业者

第一代黄金锦鲤：星出养鱼场（山口县）鱼场购入第一代黄金锦鲤后，专注于黄金鲤生产，并将其打造成品牌产品，日本的第一次锦鲤热由此发端。

1969年应运而生。与此同时，日本全国各地的锦鲤爱好者人数大幅增加，他们自发组织了"全日本爱鳞会"[11]"全日本鳞友会"[12]等锦鲤爱好者俱乐部。

组成的民间团体。截止2011年1月，在日本国内外共设有约40个分会，约有600多家会员单位加盟。振兴会致力于锦鲤的普及与启蒙，面向日本和全球开展锦鲤宣传活动，在各地举办锦鲤品评会和讲习班。

[11] 全日本爱鳞会：是由锦鲤爱好者组成的民间团体。截止2011年1月，在日本国内外共设有约80个分会或俱乐部，会员数在2900人左右。爱鳞会的宗旨是追求锦鲤之美，指导爱好者鉴赏锦鲤，普及锦鲤知识，陶冶情操与提高文化素养。

[12] 全日本鳞友会：设立于1969年，会员以日本关东地区的锦鲤爱好者为主。目前，

《鳞光》创刊号：《鳞光》杂志创刊于 1962 年，其最初是大分县爱鳞会的会刊，后成为商业杂志，对宣传和推广锦鲤做出了很大贡献。

从这时开始，原来仅限于新潟县一个地区的锦鲤生产养殖也逐渐扩大到日本全国。当时，日本政府推行耕地缩减政策，减少粮食生产，奖励水田轮作，对锦鲤扩大生产起到了推波助澜的作用。

然而，好景不长。没过多久，锦鲤养殖便遭遇了滑坡。究其原因，是因为锦鲤爱好者们不了解锦鲤饲养的专业知识。由于主人缺乏饲养经验，缺少关于锦鲤生活习性以及锦鲤观赏池水质管理的专业知识，以致价格不菲的锦鲤常常因

会员已扩大到关东以外的地区。每年11月，鳞友会主办的锦鲤品评会都会在东京举行。鳞友会的宗旨是加强会员之间的交流和切磋，共同提高锦鲤鉴赏水平，普及锦鲤知识。

日本庭园与锦鲤：随着锦鲤饲养技术逐渐成熟，人们开始在日本传统庭园里放养锦鲤。

管理不善而死亡。

于是，《鳞光》《月刊锦鲤》等锦鲤专业杂志相继出版问世，致力于普及锦鲤养殖的专业知识，极大地满足了普通爱好者对锦鲤知识的需求。

此后，锦鲤专业生产者们不断提高生产技术，锦鲤体型逐渐趋于大型化，锦鲤养殖生产也更加科学化。锦鲤销售者们则更加注重对锦鲤爱好者开展指导，帮助他们做好锦鲤日常管养。经过各方共同努力，锦鲤爱好者们饲养的锦鲤存活时间越来越长，花纹颜色也越来越漂亮，他们还通过实践积累了更多经验和知识。

到了20世纪80年代，随着经济实力的进一步提高，日本迎来了第二次锦鲤热潮。全国各地锦鲤品评会的规模不断扩大，呈现出空前的盛况！品评会上展出的大型锦鲤更加受到人们的青睐，甚至还出现了体长超过90厘米的超大型锦鲤。

慢慢的，锦鲤还引起了海外爱好者们的关注。20世纪90年代以后，锦鲤开始远销欧美和东南亚等地。

新泻大地震后的灾后重建

不幸的是，就在锦鲤起步走向世界舞台的关键时期，锦鲤的主产地——新泻县遭遇了严重的自然灾害。2004年10月23

日下午5时56分，新潟县发生强烈地震，震中位于北鱼沼川口町，震级达6.8级。这就是大家所熟知的"新潟大地震"。这次地震对当地锦鲤生产造成了几近致命的一击。

锦鲤主产区恰巧位于受灾最严重的地区。特别是，地震发生在秋季，这时原本恰逢锦鲤养殖场从野外露天水池中捕捞锦鲤出水的时期，是一年中最为繁忙的季节。当时，新潟县各地锦鲤生产者正忙于秋季捕捞、举办品评会和展示会等各种活动。就在全世界众多锦鲤生产者和爱好者们齐聚一堂的时候，悲惨的一幕发生了。

地震造成众多房屋和越冬玻璃房倒塌，锦鲤养殖池决口，电力供应中断。转瞬之间，当地的锦鲤产业濒临毁灭。

地震对锦鲤本身也造成了极大的伤害。鱼池决口导致锦鲤流失，水塘裂缝漏水和停电造成锦鲤缺氧，无数被视为珍宝的种鱼、优秀成年锦鲤以及当岁鱼都成为这次大地震的牺牲品。

为了早日恢复"锦鲤故乡"新潟县的锦鲤生产，灾区的锦鲤生产者们一边在临时避难所里艰难度日，一边互帮互助，着手重建灾后锦鲤生产。除了来自政府部门的支持，日本国内的同行和锦鲤爱好者以及世界各地的团体也伸出了援助之手。正是这些帮助和支持，使得新潟县的锦鲤生产仅仅在三四年之间就恢复到地震前的生产规模。

2010年，新潟县灾后重建工作正式宣告完成。为了纪念新潟大地震灾后重建的成功，全日本锦鲤振兴会特地打破惯例，将历来都在东京举办的全日本综合锦鲤品评会的第41届展会移

左上：因地震停电造成养殖场当岁鱼无一幸免

右上：因池塘决口而流失的当岁鱼、二岁鱼和三岁鱼

下：锦鲤集中养殖区，用于替代地震中毁坏的生产者自有野外池塘

师新潟县举行，展会会场设在新潟市朱鹭国际展览中心。这次盛会不仅吸引了日本国内各地的锦鲤生产者和爱好者，还迎来了许多海外嘉宾。规模盛大的品评会成为新潟县灾后重建系列庆祝活动中浓墨重彩的一页。

从锦鲤初次诞生到今天，锦鲤的发展经过了200多年的漫长历程。在这200多年的岁月里，锦鲤品种经历了无数变迁和不断改良进化，日本养鲤师精心培育的锦鲤已经成为日本国民的骄傲，成为"观赏鱼之王"！尽管如此，锦鲤生产者们并没有停下探索的脚步，为了向世人奉献出拥有更加优良血统的锦鲤新品种，他们默默付出，勇于挑战。

可以说，锦鲤那华美的姿态，正是前辈们在漫长岁月中不改初心、孜孜以求的结晶。

第41届全日本综合锦鲤品评会（朱鹭国际展览中心）

第二章

锦鲤的魅力

锦鲤，适合任何地方，任何人

　　人们将自己喜爱的小动物称为"宠物"。宠物的品种很多，有狗、猫、鸟、金鱼、热带鱼，当然还有锦鲤。

　　有人宠爱猫狗，像对待自己的朋友和家人一样，对其倾注无限爱心。也有一些人，害怕猫狗锋利的牙齿和爪子，对它们敬而远之，甚至感到厌恶。

　　不过，据我所知，从来不会有人讨厌或害怕锦鲤。

　　看吧，天真无邪的孩子们见到锦鲤时的快乐表情，便是最好的证明。每当在公园、宾馆的日式庭院里，或是亲戚朋友家的池塘里看到锦鲤，孩子们都会情不自禁地欢呼雀跃着奔跑过去，和锦鲤嬉戏，眼神中充满好奇心和新鲜感，脸上的表情是那么鲜活。我相信，大家对这样的情景都并不陌生。

　　那么锦鲤受人喜爱的秘密究竟在哪里呢？

　　锦鲤与人类之间有一种天然的亲近感。也许，孩子们看到锦鲤，能够本能地从这些五彩斑斓的小生灵身上看到梦想和希望之光，仿佛有一扇通往奇幻世界的大门在他们的眼前打开了。

　　再让我们把目光转向成年人的世界。现代人身处一个高速运转的时代，瞬息万变的外部世界令人应接不暇。人们感到前所未有的紧张和疲惫，心中的不安和压力需要缓解，心灵的安静和祥和显得尤为宝贵。

左：与锦鲤嬉戏的孩子们

右：栗林公园（香川县）里随处可见携家带口的游客

　　结束了一天的工作，望着自家池塘里的锦鲤摇曳着优雅的身姿悠游而过，紧张和疲劳顿时烟消云散，获得了片刻的安宁和享受。的确，锦鲤可以帮助你的心灵"放个假"。

　　那些拥有独栋式住宅的人，自然可以在自家院子里面挖一方锦鲤观赏池。而住在公寓楼和小区的人们，则可在室内安装玻璃水槽或者在阳台上放置塑料水槽，同样也能享受到锦鲤带来的乐趣。体长60厘米左右的锦鲤，完全可以在玻璃水槽中健康成长，而阳台上的塑料水槽则可以饲养相当大体型的锦鲤。

　　许多人饲养金鱼和锦鲤，是从夜市上捞回的小金鱼或小锦

上：只用玻璃水槽也可享受饲养锦鲤的乐趣
下：公寓屋顶的有机玻璃水槽

鲤开始的。刚开始，在玻璃水槽里给鱼儿安个家。时间久了，觉得小鱼太寂寞，又再买几尾给它们做伴。鱼多了，原先的玻璃水槽不够大，干脆就在阳台上放一个塑料水槽。

可以说，谁都可以养锦鲤，任何地方都可以养锦鲤。享受饲养锦鲤的乐趣，绝不是一部分"发烧友"的特权！

从主人手里觅食的锦鲤

成长的喜悦

把锦鲤幼鱼放进池子里，每天喂食，观察，欣赏。我们会惊喜地发现，锦鲤吃了我们喂给它的饲料，一天天长大了，颜色也越发鲜艳，心中自然感到无比喜悦。

可以说，饲养锦鲤和培养孩子，有着异曲同工之处。时间久了，锦鲤和主人就会产生默契和心灵感应。

"吃了这种饲料，锦鲤的颜色会变得更漂亮。"

"菜叶子可不能随便喂锦鲤吃。"

"我也来帮忙打扫锦鲤的过滤槽。"

就这样，为了锦鲤健康成长，全家人齐心合力，其乐融融。饲养锦鲤的过程，也是一个与锦鲤增进感情的过程。

我们经常可以看到，爸爸妈妈、爷爷奶奶和孩子们，一家老小对锦鲤都充满了爱，锦鲤已经不折不扣地成为家庭的一员。

物以稀为美

锦鲤品种丰富，色泽艳丽迷人。

锦鲤有多达近百个品种。每一尾锦鲤都拥有其独具个性的色彩和花纹。经过200多年的人工交配和品种改良，人们对锦鲤反复筛选，创造出我们眼前这些姿态优美、色彩丰富的锦鲤品种。

观赏鱼的种类很多，唯有锦鲤每一尾都拥有其独特的价值，这种价值也是金鱼、热带鱼和海水鱼等其他观赏鱼无法比拟的。即使是相同品种的锦鲤，也因色彩和花纹不同，而拥有不同的价值。锦鲤的花纹都不可复制，即便是纯色锦鲤，其色泽和体型也绝不雷同。

可以说，每一尾锦鲤都是全世界独一无二的，都是从数万尾甚至数十万尾的鱼苗中千挑万选出来的精美之作。挑选鱼苗的工作全靠手工操作，非常考验人的耐心和细心，只有眼疾手快的老师傅才能胜任。

人们经常用"物以稀为美"来形容锦鲤，唯有那些真正有价值的锦鲤才能经得起反复筛选。正是这种"稀有之美"为锦鲤戴上了"观赏鱼之王"的王冠，使它们获得了"游动的宝石"这一美誉。

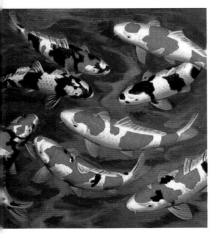

上：锦鲤也是家庭的一员

下：黑木健夫（全日本爱鳞会首任会长）
　　的爱鲤，近藤忠男作画

第三章
走向世界的锦鲤

　　时至今日。锦鲤文化已不再仅仅属于日本。

　　欧美各国的人们用日语中锦鲤的发音——"KOI"来称呼锦鲤。当被问到"是否知道'KOI'"时，很多人都知道——"KOI"是指原产于日本的锦鲤。

　　锦鲤从新潟县偏僻的小山村走向了日本全国，又从日本走向了世界，成为极具艺术价值的"游动的宝石"。锦鲤的艺术价值得到了全世界人们的认可，并登上世界的舞台，在全球范围内掀起了"锦鲤热"。

锦鲤出口的开端

据史料考证，有文字记载的锦鲤出口始于日本大正十四年（1925年），目的是感谢美国农业部向日本赠送"彩虹鳟鱼"种苗。120尾长约30厘米的锦鲤从横滨港启程，最终有108尾顺利运抵了美国。其后，大约3万尾锦鲤于昭和七年（1932年）作为商品出口海外。

不过，锦鲤出口真正受到关注，还要等到昭和十三年（1938年）。那一年，世博会在旧金山举行。这次世博会的日本馆，外观近似金阁寺，旁边有一方小池塘，数百尾各个品种的锦鲤被放入池塘里展出。这些锦鲤让来自世界各国的来宾大开眼界，赞叹不已。

据记载，在那个既没有塑料封装袋，也没有补氧设备的年代，锦鲤被装在一种特制的木桶里，用绳子固定在轮船甲板上，在海上经历了20多天风颠浪簸才运抵美国。

20世纪50年代，大阪辻本商社的社长辻本元春率先将锦鲤出口到夏威夷。后来，在广岛小西养鲤场的小西利胜等人的大力呼吁和不懈努力下，锦鲤终于被正式列入日本出口商品的名录。

从那时开始，锦鲤生产者开始用塑料封装袋和充氧的办法，解决锦鲤长途运输的难题，将锦鲤空运到世界各国。

FANCY CARP

上：德国锦鲤爱好家
　　迪特·弗洛特曼
　　先生的锦鲤观赏
　　池
下：锦鲤的英文海报
　　（1948 年）

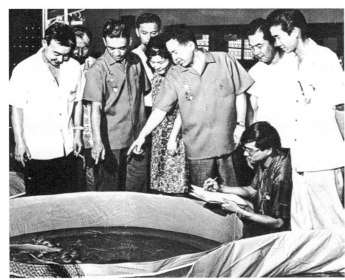

夏威夷巴各达水上餐厅的锦鲤和夏威夷锦鲤品评会（1964年）

后来，居住在美国西海岸的日裔移民开始饲养锦鲤。渐渐地，当地的白人社会受此影响，也纷纷成立锦鲤爱好者俱乐部，自主举办锦鲤品评会。

20世纪60年代，英国开始出现锦鲤爱好者。在此之前，英国进口的观赏鱼一直以金鱼为主。最初，锦鲤作为金鱼的样品，和金鱼一起出口到英国。神田养鱼场（兵库县）神田重三、远东公司井上健，以及三重县伊藤养鱼场的伊藤宣英等人为锦鲤出口英国以及锦鲤文化在当地的普及，都做出了十分重要的贡献。

英国是个岛国，自然条件和风土人情与日本有很多相似之处。特别是，英国国民热爱自然，热爱自然界的生物，这是锦鲤在英国受到欢迎的一个重要原因。后来，锦鲤相继出口到比利时、德国、荷兰等国。近年来，瑞士、西班牙以及东欧各国的锦鲤爱好者也日渐增加。

东亚的锦鲤热起源于中国台湾地区，后逐渐扩大到新加坡、泰国、马来西亚和印度尼西亚等地。最近，中国大陆、越南等地的锦鲤爱好者队伍也逐渐壮大。

锦鲤有很强的环境适应能力。它原产于日本新泻县，那里的冬天冰天雪地，锦鲤生活在冰雪覆盖的水塘里。而在日本的南方，即使水温超过30度，也丝毫不影响锦鲤的饲养。这种罕见的强大的适应能力，可能也是锦鲤能够在全世界安家落户的重要因素之一吧！

此外，锦鲤之所以能够出口到如此多的国家和地区，还

上：锦鲤空运前打包的场景
下：塑料封装袋中央是增氧剂

离不开运输技术的进步和提高。上世纪50年代开始，锦鲤被装在大塑料袋里，使用增氧剂补充氧气，满足了远距离运输的要求。后来，锦鲤生产者们在出口启运前对锦鲤进行健康管理和温度调节，开发出用于长途运输的"增氧剂"，帮助

和锦鲤嬉戏的海外爱好者

锦鲤度过更长时间的运输和颠簸旅途的考验，确保它们安全健康地抵达目的地。

不可否认，在锦鲤真正走向世界之前，曾经有过无数次失败的尝试，锦鲤生产者们为之付出了惨重的代价。回望那段历史，不由地对前辈们永不言弃的精神致以敬意。

在荷兰举办的锦鲤品评会（2007 年）

海外锦鲤概况

　　自锦鲤初次远渡重洋，转眼间近一个世纪过去了，许多国家的锦鲤产业都得到了长足的发展，锦鲤爱好者的群体也日益庞大起来。不同国家的人们有着不同的性格和特点，他们的"锦鲤观"也有着细微的差异。

　　各国锦鲤买家挑选锦鲤的标准不尽相同，各国爱好者们的审美取向从中亦可窥一斑。欧美买家一般不太看重锦鲤的品种，觉得锦鲤只有品种不同，没有优劣之分，每个品种都有着

平等的价值。东亚和东南亚的买家，则更多地将目光集中在"御三家"的顶级锦鲤身上。

在英国、荷兰等国，一些锦鲤品评会的日均入场人数往往超过数万人，其中一半以上是和家人、朋友结伴而行。对于他们来说，和亲朋好友一起观赏锦鲤，是一件乐事。

在泰国和东南亚举行的锦鲤品评会，则常常邀请政府高官、皇室成员莅临现场，并举行隆重的开幕式和颁奖仪式。在盛大华丽的会场上，荣登主席台接受颁奖，令锦鲤的主人倍感光荣。尽管世界各国的人们有着不同的"锦鲤观"，但人们对锦鲤的喜爱却是相同的。

左上：吉尔·库尔先生（比利时）的锦鲤池
中上：迈克尔·德莱菲先生（美国）的锦鲤池
左下：荷兰的锦鲤品评会（2010）
中下：荷兰的锦鲤品评会（2007）
右：泰国曼谷的锦鲤品评会

第四章
锦鲤的品种

　　锦鲤有很多品种。目前，由全日本锦鲤振兴会举办的锦鲤品评会将锦鲤分为19大类[1]进行评比。每个大类再进行细分，项目总数可达几百种。

　　本章将对锦鲤的品种、特征、形成的经过以及血统谱系进行说明。

---

[1] 项目分类：不同团体主办的品评会，对项目分类的标准都略有不同。全日本锦鲤振兴会的品评会是参展锦鲤数量最多的。在这里，主办方将已经固定的、且受众较多、作品数较多的品种作为一个评比的大类。随着锦鲤品种的增加，评比的品种类别也随之增多。

红白

　　日本锦鲤界有一句名言："始于红白，终于红白。"红白，无疑是最受欢迎的锦鲤品种。据说，"红白"是江户时代出现的白底红花"更纱"的改良进化品种，最终由东山村兰木地区的广井国藏于明治时代中期将其作为一个固定品种确立下来。

　　红白是最早确立的锦鲤品种，生产量大，最为常见，受到人们广泛的喜爱。白底红纹，看似色彩简单，生产技术要求却很高，鉴赏的要点也很多。历届全日本综合锦鲤品评会的大会总冠军当中，红白锦鲤占据了半壁江山。

　　自古以来，红白的代表性传统谱系有"友右卫门""弥五左卫门""仙助"等，近年来，还出现了"大日""丸山""阪井""松江"等著名的品牌[2]。

---

[2] 谱系、品牌、生产者：和马匹、犬类和鸟类一样，锦鲤通过反复的近亲交配和异种交配，得到集各种优秀血统于一身的"谱系"。然后用具有多样性基因的同类亲鲤进行交配，通过谱系繁殖，得到更多血统优秀的锦鲤。近亲交配，可以将好的底色和墨质遗传给下一代。但是，也会带来体型较小、容易产生畸形等缺点。于是，就像用一定比例的阿拉伯马与萨拉布莱得马进行交配一样，人们采用异种杂交的方法，得到适应性更强的锦鲤，甚至还能诞生出新的品种。锦鲤的谱系本质上是不停变化的，纯正的血统不可能持续100年以上。谱系，一般是指红白锦鲤中友右卫门之类的传统品种。而现在的生产者用这些传统品种改良得到的新种类，则被称为"品牌"。此外，当新的血统尚未确定之前，人们将擅长生产诸如"秋翠"锦鲤的养殖场，称为秋翠的"生产者"。

左：第41届全日本综合锦鲤品评会 / 大会综合优胜奖 / 红白 / 大日养
　　鲤场出品

右：第17届会日本爱鳞会锦鲤全国品评会 / 全体综合优胜奖 / 红白,
　　九山养鲤场出品（爱称 / 龟之子红白）

第 33 届全日本综合锦鲤品评会 / 大会综合优胜奖 / 红白 / 阪井养鱼场出品

第 41 届全日本综合锦鲤品评会 /85 部类国鱼奖 / 红白 / 桔江锦鲤中心出品

大正三色

红白的花纹上点缀墨黑色[3]，就是大正三色。这是山古志村竹泽地区的星野荣三郎于日本大正年代确立的品种，因此被称为"大正三色"。

红白两色的花纹上零星地点缀黑色，更显优雅高贵，令人联想起中世纪的贵妇。

大正三色的传统谱系有"定藏""寅藏"[4]"吉内""甚兵卫"，近年来"松之助""阪井""桃太郎""丸堂"等也成为了大正三色的代表性品牌。

---

[3] 大正三色的墨色：大正三色的源头是红白锦鲤。为了使原本星星点点的墨斑变得更大，养鲤师们将继承了浅黄种鲤鱼近亲繁殖的浅黄三色鲤的墨色的红别甲与红白再进行交配，逐渐确立了大正三色的品种。

[4] 定藏三色和寅藏三色：血统一旦中断，就具有不可逆性。因此，生物的某种基因一旦失去了，就再也不能重新获得。为此，锦鲤生产者们都非常努力地致力于保存锦鲤的优秀基因。大正三色的代表性传统品种有"定藏"和"寅藏"，这两种血统都源自红白锦鲤，但是其墨色产生的过程却并不相同。前者被称为"待墨"，意思是在选择红白锦鲤时，筛选出暂时并未出现墨色的鱼苗。而后者则被称为"消墨"，选出的都是全身发黑的当岁鱼。即，前者是等待锦鲤在成长过程式中墨色慢慢显现，而后者则是在成长过程中，墨色渐渐收缩。经过多代繁殖，"定藏"和"寅藏"这两个血统的墨质都已经几乎消失。"定藏"和"寅藏"的墨质分别在"吉内三色"和"甚兵卫三色"这两个血统身上得以沿续，但也逐渐变得非常细弱。不过，目前有一些新的品牌锦鲤分别继承了"定藏"和"寅藏"的基因，大正三色的作品也逐年有了新的起色。

第 39 届全日本综合锦鲤品评会 / 壮鱼综合优胜 / 大正三色 / 九堂养鲤场出品

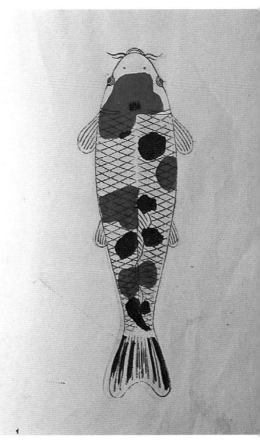

《宝藏绘形帐》（山上刚收藏）中描绘的大正三色

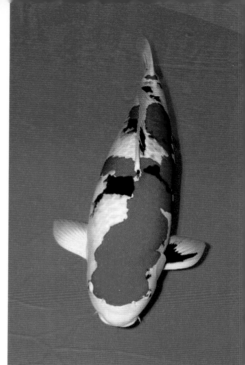

左上：第 34 届全日本综合锦鲤品评
会 / 大会综合优胜奖 / 大正三
色 / 石和锦鲤中心出品

右上：第 32 届全日本综合锦鲤品评
会 / 大会综合优胜奖 / 大正三
色 / 阪井养鱼场出品

下：第 45 届全日本爱鳞会锦鲤全国品
评会 / 全体综合优胜奖 / 大正三
色 / 冈山桃太郎鲤出品

昭和三色

昭和三色形成于日本昭和时代，并因此得名。

大正三色和昭和三色都呈现红、白、黑三色，但两者的基因完全不同。

大正三色最初是由继承了红白血缘的鲤鱼偶然变异，后经过人工改良而固定下来的。昭和三色的出现晚于大正三色十多年，由竹泽地区的星野重吉于昭和二年（1927年），利用既有的锦鲤品种——黄写雌鱼分别与松川化及红白的雄鱼交配而成[5]。

昭和三色拥有无法言表的力量感，与大正三色不同，昭和三色的胸鳍根部、嘴唇、腹部两侧都染有墨色。

昭和三色的传统品种有"小林"[6]"龙光""十二平"等，最近则出现了"大日""伊佐""上野"等优秀品牌。

---

[5] 昭和三色的墨色：星野重吉通过人工交配得到了昭和三色。当时，他所用的雌鱼是白底、身体带有菱形花纹、头部有淡红色的变种鲤鱼，据传，这种鲤鱼属于松川化的血统。松川化亦称"化浅黄"，是浅黄鲤鱼的变种，与野生乌鲤的血缘相近，因此，昭和三色的墨质来源于纯天然的野生乌鲤的墨质。昭和三色的亲代锦鲤写鲤是野生鲤鱼突然变异而产生的黄写鲤，特点是乌鲤的脊背上出现了淡淡的黄色花纹。昭和三色从黄写锦鲤那里继承的墨色花纹显得十分遒劲有力，相较于大正三色的华美，两者各有千秋。

[6] 小林昭和的诞生：初期昭和三色的缺点是红色花纹不够纯正，带有桔色，白底的面积太小，不够明快。但是小林富次以"太郎兵卫昭和"的鲤鱼作为亲鱼，加上友右卫门红白和弥五左卫红白的血统，终于培育出拥有鲜明的红色花纹的昭和三色。一时之间，小林富次培育出的昭和三色称霸各类品评会，这个品种也被称为"小林昭和"。

第 50 届新泻县锦鲤品评会（农业嘉年华）/ 全体综合优胜奖 / 昭和三色 / 伊佐养鲤场出品

第 38 届全日本综合锦鲤品评会 / 大会综合优胜奖 / 昭和三色 / 大日养鲤场出品

第 1 届全日本锦鲤冠军大
会 / 全体综合大奖 / 昭和三
色 / 上野养鱼场出品

红白、大正三色和昭和三色被总称为"御三家"，它们总是牢牢占据着各种品评会的冠军宝座。

写鲤

写鲤分为"白写锦鲤""绯写锦鲤""黄写锦鲤"等。

白写锦鲤诞生于日本大正十三年（1924年），由虫龟地区的蜂村一夫用黄写三色锦鲤的雄鱼与白别甲的雌鱼交配而成。白写锦鲤的纯白底色和墨色花纹相得益彰，如同大号毛笔挥就的水墨画，气势非凡，这是白写锦鲤最富魅力之处。和昭和三色相同的是，白写锦鲤的鼻尖、胸鳍根部也点缀有墨色。

黄写鲤鱼[7]是锦鲤当中较为古老的一个品种，其特点是古朴清雅。幼年时期的黄写锦鲤看似无可取之处，然而随着年龄增长，其质朴的古意日渐浓厚。可以说，只有内行人，才能品

---

[7] 黄写的诞生：黄写锦鲤出现于日本明治时代，是野生鲤鱼或黑鲤（浅黄鲤）突然变异产生的珍稀品种。由于数量稀少，当时的锦鲤养殖者们曾经为得到黄写锦鲤而一掷千金。

当这些突然变异的锦鲤形成一定数量以后，人们将其与黄别甲鲤鱼进行反复交配，黄写锦鲤由此逐渐发展成为一个固定的品种。后来，又从黄写锦鲤衍生出白写锦鲤和绯写锦鲤，数量一时十分巨大。此外，黄写锦鲤后用于黄金锦鲤的交配，其血统被黄金写锦鲤所继承。

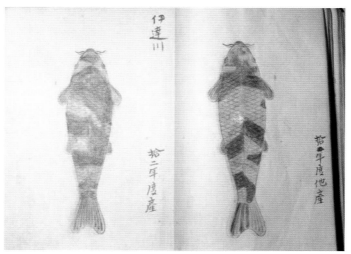

上：小林富次与 20 世纪中期锦鲤产业顶盛时期的先驱小川阳一
下：《寅藏绘形帐》中描绘的黄写锦鲤

味出黄写锦鲤的妙处。遗憾的是，近年来黄写锦鲤的优秀之作十分罕见，堪称凤毛鳞角。

绯写锦鲤原先本是昭和三色的副产品，最近，用绯色锦鲤相互交配，倒是出现了不少上佳之作。

白写鲤鱼最著名的生产者姓"面迫"。最近，"玉浦""大川"等品牌的白写锦鲤也颇受人称道。绯写锦鲤的生产则以"篠田"最为有名。

第 36 届全日本综合锦鲤品评会 / 85 部类国鱼奖・写鲤类头奖 / 白写 / 面迫养鲤场出品

第 39 届广岛县锦鲤品评
会 / 70 部综合优胜奖 / 白
写 / 玉浦养鱼场出品

左：第 34 届全日本综合锦鲤品评会 / 写鲤类头奖 / 筱田养鲤场出品
右：第 2 届福冈县支部若鲤品评会 /55 部类优胜奖 / 大川锦鲤中心出品

纯色光鲤

纯色光鲤有"山吹黄金""白金锦鲤"以及"金松叶""银松叶"等几大类。

山吹黄金通体金黄，白金锦鲤则散发出白金般的光泽。这两种锦鲤必须全身色泽均匀，不掺半点桔红色或黑色瑕疵。

金松叶，可以视作金属系的红松叶；银松叶的每一枚白金色鳞片与显性黑色素形成了闪亮的网状花纹。

黄金锦鲤（纯色光鲤）的派生品种，还有花纹皮光鲤、光写锦鲤（写皮光鲤）、孔雀等，它们与黄金锦鲤（纯色光鲤）共同称为光鲤系列。

据传，这些光鲤的祖先是日本大正十年（1923年）时，原广濑村的儿童从河里钓到的一条脊背发光的鲤鱼。

第一代黄金鲤鱼，由竹泽地区的青木泽太郎用一种叫作"金兜"的茶鲤系鲤鱼与一种名为"富士银"的几近纯白的红白系鲤鱼交配而成，并逐渐成为一个固定的品种。这位青木师傅经过无数次尝试和探索，才研发出黄金锦鲤[8]。

---

[8] 第一代黄金锦鲤的登场：黄金鲤的老祖先是一种被称为"金棒"的野生鲤鱼，它的特点是背鳍的根部发出金色光泽。浅黄真鲤中也有相应的种类，发出银色光泽，因此被称为"银棒"。此外，20世纪20年代中期，川上一三用从东京带回的秋翠与大正三色进行交配，其中出现了胸鳍发光的鲤鱼，被称为"金鳍""银鳍"或"金团扇""银团扇"，同时它们还被统一命名为"文化三色"。其后，从"文化三色"当中又衍生出了"德系三色"。这些德系三色的头部花纹的轮廓，远看好似朝阳照耀下的富

　　"和泉屋""阪井"出品的山吹黄金，"山长""山崎"出品的白金锦鲤都是黄金鲤中的佳品。金松叶则以"留藏"最为出名。此外，近几年来，由"丸诚"推出的新作——一种有复古色调"老黄金"，也深受爱好者们的喜爱。

士山，因此俗称"银富士"。根据血统的差异，银富士又分为红白系、三色系和白别甲系。此外，高野伊势松在富山县发现了"金棒"，将其带回家。因为鱼的头部有一片褐色的三角形花纹，最初又被称为"兜"。伊势松用"金棒"与黄写锦鲤交配，然后用"二代金棒"近亲繁殖，培育出了头部金色线条更加清晰的"金兜"。与此同时，浅黄真鲤衍生出了发出银色光泽的"银兜"。"黄金锦鲤"由此宣告正式形成。青木泽太培育的第一代黄金锦鲤由银富士中被称为"白富士"的雌鱼与金兜、茶鲤等雄鱼交配而成。除了金兜和银兜以外，他还培育出了金茶鲤、黑黄金、茶斑、空鲤等多种副产品。第一代黄金锦鲤（黄金锦鲤第一号）的鱼鳍和体表都发出金属光泽，并带有深邃的黄金色。当我们追溯黄金鲤研发成功前的历史，就会发现：那些鳞片发光的真鲤是黄金鲤的源头。此外，黄金鲤还兼具德系鲤秋翠和茶鲤的血统。"不积跬步，无以至千里"，黄金锦鲤的研发经历了一段相当漫长的岁月。如果没有生产者们执着的信念和惊人的毅力，是不可能成就黄金锦鲤的。现在，第一代黄金锦鲤的血统已经十分微弱。为了追求更加艳丽的色彩，人们用黄金锦鲤与黄鲤交配，研发出山吹黄金；用同样的方法，银色系黄金锦鲤又逐渐蜕变成白金锦鲤。无论是生产者，还是饲养者，大家都毫无疑问地一致认为，山吹黄金和白金锦鲤源于同一血统。

左：第18届日本九州地区综合锦鲤品评会/65部类/金松叶/间野养殖场出品

右：第50届新泻县锦鲤品评会（农业嘉年华）/巨无霸奖/老黄金/丸诚养鲤场出品

左：第 39 届日本综合锦鲤品评会 / 纯色光鲤类头奖 / 山吹黄金 / 和泉
　　屋养鲤场出品
右：第 26 届全日本锦鲤若鲤品评会 / 纯色光鲤类头奖 / 白金山长养鲤
　　场出品

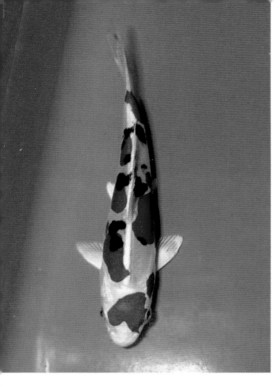

上：第 21 届日本锦鲤全国若鲤品评会 /15 部类国鱼奖 / 大和锦 / 越路养鲤场出品

下：第 41 届全日本综合锦鲤品评会 / 花纹皮光鲤类头奖 / 德系孔雀 / 深泽养鲤场出品

花纹皮光鲤[9]

到了昭和三十年代（1955年起始），众多光鲤新品种逐渐被固定下来。花纹皮光鲤中的"菊翠""贴分锦鲤""大和锦""樱黄金"等就是其代表品种。

"菊翠"是带有桔色花纹的无鳞德系鲤，"贴分黄金鲤"则是黄色花纹的无鳞鲤。"大和锦"是金属系大正三色，德系鲤当中的大和锦也被称为"平成锦鲤"。"樱黄金"是有红白花纹的无鳞鲤。

黄金鲤（纯色光鲤）和花纹皮光鲤都是入门级玩家的最爱。

光鲤性情温顺，亲近人类，在海外拥有极高的人气。"越路""深泽"都是光鲤的著名生产者。

---

[9] 花纹皮光鲤的形成：当黄金锦鲤的基因确立其优势地位以后，养殖者们用光鲤与各种带花纹的锦鲤进行交配，极大地丰富了锦鲤的品种。

浅黄

浅黄[10]是最古老的锦鲤品种。该品种的特点是双颊和腹部带有红色花纹，质朴中蕴藏风雅。所有锦鲤品种中，只有浅黄锦鲤和秋翠锦鲤带有淡蓝色，它们也因此成为锦鲤观赏池中不可或缺的一员。

从前，富山县生产的浅黄锦鲤最为著名，当地称之为"竹缟"。现在，"大塚""名越"生产的浅黄名气最大，形态和花纹都十分美丽。

---

[10] 浅黄是锦鲤的祖先：日本野生鲤鱼中有几个品种，其基因稍有差异。其中锦鲤的祖先主要是"浅黄野生鲤"，还有一些"乌鲤"的血统。在日本各地都可以见到野生鲤鱼，其中相当一部分是已经进化了的"浅黄鲤鱼"。这些浅黄鲤鱼一般背部呈灰褐色，腹部有淡淡的红色，鳞片网状花纹大多不透明。上田乡的浅黄鲤鱼原本是栖息在鱼野川里的浅黄野生鲤。经过人工饲养，由于当地特有的水质和土质，呈现出多样化的形态。虽然从当时的浅黄锦鲤发展到我们现在普遍认可的锦鲤经过了相当漫长的时间，但是这种进化了的浅黄锦鲤已经基本具备了锦鲤的品位和风格。另外，爱知县一带分布的"野生浅黄鲤"经过人工饲养，逐渐形成了"三州浅黄"，并在当地流通。尽管如此，人们仍然普遍认为，锦鲤的祖先源自鱼野川。能够被称作"锦鲤"的浅黄鲤，最初的品种叫作"绀青浅黄"，其特点是底色呈深藏青色。而现在较为流行的浅黄品种叫作"鸣海浅黄"，其底色明快，仿佛秋天湛蓝的天空，腹部两侧为桔红色。

第 40 届全日本综合锦鲤品评会 / 浅黄类头奖 / 浅黄 / 细海养鲤场出品

左：第 41 届全日本综合锦鲤品评会 / 浅黄类头奖 / 浅黄 / 名越养鲤场
出品

右：第 36 届全日本综合锦鲤品评会 / 浅黄类头奖 / 浅黄 / 大塚养鲤场
出品

秋翠[11]

明治三十七年（1904年），德国黑鲤被日本引进，主要用于食用。日本明治四十三年（1910）年，东京的秋山吉五郎用德国黑鲤与浅黄锦鲤交配，形成了秋翠锦鲤。

秋翠锦鲤的脊背及身体两侧一般各有一排鱼鳞。与浅黄锦鲤相同的是，秋翠的双颊、腹部及体侧上部都有红色花纹点缀。随着年龄的增长，秋翠全身体色逐渐变黑。那些长大以后，头部色泽仍然保持洁白通透的，则被视为秋翠中的极品。

秋翠的著名生产者有"小西""留藏"等。

---

[11] 从蓝色到绿色的尝试：秋翠是锦鲤当中最早用德系鲤交配而固定下来的品种。"秋翠"中的"秋"字取自其创作者的姓"秋山"，"翠"则取自绿色的宝石——"翡翠"，意为"绿色"。由于秋翠体色呈蓝色，让人联想起"秋天高远湛蓝的天空"，带来心旷神怡的感受。一些锦鲤生产者们用秋翠与黄鲤或山吹黄金交配，反复进行试验，希望获得绿色的锦鲤。然而，色泽明鲜的绿色只能在幼鱼身上出现，随着鲤鱼长大，绿色就会不复存在。虽然此前曾经不止一次出现过"绿鲤"，但直到目前为止，终究未能成为一个固定品种。

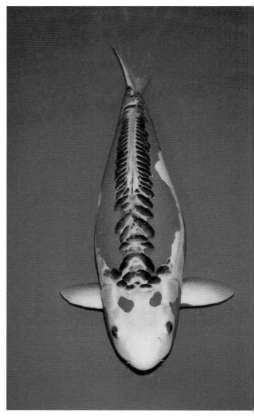

左：第 42 届全日本综合锦鲤品评会 / 专项奖头奖 / 秋翠 / 间野养鲤场
　　出品

右：第 41 届全日本综合锦鲤品评会 / 专项奖头奖 / 秋翠 / 小西养鲤场
　　出品

五色[12]

"五色"是兰木地区的星野浅吉于昭和二十五年（1950年）用浅黄和大正三色交配而成的。

以前，五色似乎并不受青睐，因而产量较小。品评会上一般将其归为"变种鲤"大类，并未设立专门奖项。

不过，最近十年以来，五色的品种改良取得了显著的发展，出现了花纹色泽艳丽、品相优美的作品。为此，最近几年，也有不少品评会单独增设了"五色"的专项评比。

五色的魅力在于花纹生动有趣、色泽富有个性。绯色鳞片上不带任何斑点的五色锦鲤，可谓五色中不可多得的珍品。五色锦鲤的著名生产者有"广井""见沼"和"神野"等。

---

[12] 多种多样的五色锦鲤：将浅黄作为亲鱼与其他品种进行交配的过程中，常常会在不同的阶段出现五色锦鲤。可以说，五色可被视作浅黄锦鲤混入其他血统的变种鲤之一。在浅黄变种当中具有观赏价值的，被称为"五色锦鲤"。近年来，五色锦鲤逐渐作为一个血统或者品牌被固定了下来，但是由于其源头十分芜杂，血统也十分复杂。

第 19 届日本锦鲤若鲤品评会 /43 部类国鱼奖 / 五色 / 鲤之见沼出品

第 41 届全日本综合锦鲤品
评会 /60 部类樱奖 / 五色 /
神野养鲤场出品

变种锦鲤

那些产量较小、品评会上难以独立区分的特殊品种的锦鲤，统称为"变种锦鲤"。

落叶时雨、羽白、辉黑龙、茶鲤、芥子鲤、火鲤、黄鲤、乌鲤、松川化等，都属于变种锦鲤。变种锦鲤中，越是罕见，越拥有独特的价值。那些被称为"一品鲤"[13]的锦鲤，都属于变种锦鲤之列。

茶鲤、落叶时雨、芥子鲤等，与人类十分亲近，且食欲旺盛，生长迅速，在欧美各国受到青睐。

"青木屋""细海""越路"等都是各种珍稀变种鲤的名家，"丸诚"的茶鲤、"小西"的芥子鲤以及"高桥"的松川化等都十分有名。

---

[13] 一品鲤的遗传因子："一品鲤"特指那些无法明确定义其品种、世上独一无二的锦鲤。比如，用红白绵鲤进行交配时，肯定会产下许多红白，与此同时，也会出现许多纯白或纯红，或者类似红白又非红白的鲤鱼。锦鲤的品种是以其"表现形式"，即外观来进行定义的。如果用血统，即"基因"来定义他们的话，则是非常复杂多样的。

第41届全日本综合锦鲤品评会 /75 部类樱奖 / 五色时雨 / 细海养鲤场出品

左上：第41届全日本综合锦鲤品评会/宫日出雄奖/芥子鲤/小西养鲤场出品

右上：第27届日本锦鲤若鲤品评会/变种锦鲤头奖/松川化/高桥养鲤场出品

左下：第18届日本九州地区综合锦鲤品评会/巨天霸奖/茶鲤/丸诚养鲤场出品

右下：第28届日本锦鲤品评会/最具个性奖/红辉黑龙/越路养鲤场出品

第 21 届日本锦鲤若鲤品评会 / 变种锦鲤头奖 / 变种锦鲤 / 青木屋出品

A银鳞^[14]

A银鳞是指带有银色鱼鳞的御三家，即"银鳞红白""银鳞三色"和"银鳞昭和"。

根据银鳞的形态，又可分为"钻石银鳞""玉银鳞"和"珍珠银鳞"。

无论是过去还是现在，广岛地区生产的闪耀着钻石般光泽的"钻石银鳞"都一直占据着银鳞锦鲤的主流地位。

"玉银"是新泻县自古以来的传统品种，不过最近已几近绝迹。

"珍珠银鳞"，就像它的名字一样，鳞片呈小粒珍珠状、格调高雅。它的身上保留有"玉银锦鲤"的血统。目前，珍铢银鳞也如"风中之烛"，产量日益萎缩。

近来，银鳞昭和的品质取得了十分明显的进步，时常能见

---

[14] 银鳞的初次亮相：在昭和四年（1929年）举行的第一届山古志养鲤品评会上，银鳞初次亮相。据记载，在所有出品的锦鲤当中，最引人注目的当属红白锦鲤。虽然花纹并不出众，但是由于全身鳞片闪闪发光，如同镀上了一层银色，因而倍受人们关注。后来，银鳞与大正三色交配，形成"三色银鳞"，其纯白底色和黑色花纹，更加衬托出银色的晶莹剔透。由于红色鳞片中的金色鳞片尤其显眼，所以最初也被称为"红白金鳞"。

银鳞与黄金：银鳞的特点是散布在全身各处的部分鳞片发出银光，而并非全身鳞片都带有银色光泽。其中，占主流地位的钻石银鳞，因其光泽如同钻石一般光芒四射而得名。由于银鳞属于遗传型品种，因此各个品种的锦鲤都可交配出银鳞。另一方面，黄金种则是全身散发光泽，但并不像银鳞那样发生散射，因此显得十分光滑。

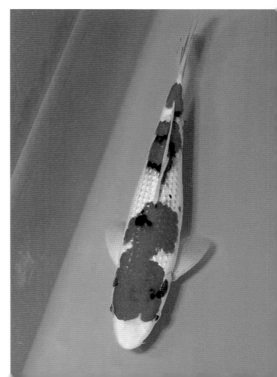

左上：第 40 届全日本综合锦鲤品评会
　　　/85 部类樱奖 / 银鳞红白 / 寺泊养
　　　鲤场出品

右上：第 40 届全日本鳞友会全国锦鲤
　　　品评会 /60 部类鳞友樱奖 / 银鳞
　　　昭和 / 丸一佐久间出品

下：第 43 届新泻县锦鲤品评会（农业
　　嘉年华）/23 部类综合优胜奖 / 珍
　　珠三色 / 关口养鲤场出品

上：第41届全日本综合锦鲤品评会/A银鳞锦鲤头奖/银鳞昭和/广井养鲤场出品

下：第42届全日本爱鳞会锦鲤全国品评会/A银鳞锦鲤头奖/银鳞昭和/丸贞养鲤场出品

到十分优秀的作品。

　　"寺泊"的银鳞红白、"广井""丸贞""佐久间"的银鳞昭和都十分有名,珍珠银鳞则在"关口"养鲤场的努力下继续沿续着血脉。

B银鳞

　　御三家以外的银鳞被称为"B银鳞"。有"银鳞五色""银鳞白写""银鳞浅黄"和"银鳞落叶"等。

　　近几年,银鳞五色不断涌现上佳之作,几乎每年都能在品评会上获得樱奖[15]。

　　不管是A银鳞还是B银鳞,都因其周身镶嵌银色鳞片、气质华贵典雅,而博得许多海外锦鲤爱好者们的喜爱。其中,"广井"和"见沼"两家出品的银鳞五色品质尤为出众。

---

[15] 樱奖:在全日本锦鲤振兴会举行的品评会上,除红白、大正三色、昭和三色和白写以外的所有品种、所有大小的锦鲤中最优秀的锦鲤将荣获樱奖。

第 27 届日本锦鲤若鲤品评会 /
B 银鳞锦鲤头奖 / 银鳞五色 / 广
井养鲤场（与左工门）出品

左：日本第 26 届锦鲤全国若鲤品评会 /B 银鳞锦鲤头奖 / 银鳞五色 /
　鲤之见沼出品

右：第 41 届全日本综合锦鲤品评会 /B 银鳞锦鲤头奖 / 银鳞白写 / 阪
　井养鲤场出品

别甲 [16]

　　白别甲锦鲤全身仅黑白两色，纯白的底色配上相得益彰的墨色。如同白写锦鲤是隐去红色的昭和三色一样，白别甲可被视作褪去红色的大正三色。因此，目前市场上的别甲基本都是大正三色的副产品。"和泉屋"出品的白别甲中，常常有一些墨色遒劲的佳品。

　　白别甲是别甲锦鲤中最早出现的品种，此外，还有"红别甲"和"黄别甲"。

---

[16] 别甲的起源：别甲是鲤鱼中非常古老的品种，起源于自然产卵，它的出现纯属偶然。别甲的源头可以追溯到"芝麻浅黄鲤"，这是一种全身点缀黑芝麻状星点的浅黄种鲤鱼。据推测，当芝麻浅黄鲤中混入火鲤的血统以后，形成了红别甲。黄别甲属于红别甲的亚属，遗传至今的基因已十分稀少。目前，白别甲占据别甲锦鲤的主流地位，属于大正三色与红色花纹的锦鲤交配后得到的副产品。

第 43 届全日本爱鳞会全国
锦鲤品评会 / 别甲锦鲤头奖 /
别甲 / 和泉养鲤场出品

写皮光鲤（光写锦鲤）[17]

写皮光鲤包括"金写皮光鲤""银写皮光鲤"等系列。金写皮光鲤是由青木泽太、青木日出雄父子于昭和三十年代（1955年起始）确立的品种。目前，产量不多，在海外颇受欢迎。由于是光鲤的一种，因此身体的光泽度是评判其品质优劣的重要标准。

写皮光鲤的生产者有"阪井"和"丸坂"，他们长年致力于写皮光鲤的生产。

---

[17] 写皮光鲤的诞生：黄写锦鲤因其韵味隽永，曾经颇具人气。其缺点是色彩不够明亮。为此，生产者们为了改良品种，用黄金种的光鲤与黄写锦鲤进行交配，创作出了"金黄写鲤"，使黄写锦鲤获得了新生。采用与黄金写鲤相同的繁殖方法，生产者们利用白写锦鲤成功地推出了"银白"（银白写鲤），利用昭和三色推出了"金昭和"等新品种。

左：第 34 届全日本综合锦鲤品评会 / 写皮光鲤头奖 / 金黄写鲤 / 丸坂
　　养鲤场出品

右：第 41 届全日本综合锦鲤品评会 / 写皮光鲤头奖 / 金昭和 / 阪井养
　　鱼场出品

丹顶[18]

　　丹顶锦鲤是指仅头顶部有一块圆形红色花纹的锦鲤，它的名字令人联想到栖息在北海道的"丹顶鹤"。

　　丹顶锦鲤包括"丹顶红白""丹顶三色""丹顶昭和""丹顶五色"以及"丹顶孔雀"。

　　丹顶是极为稀有的锦鲤品种。丹顶红白出自红白，丹顶三色出自大正三色，丹顶昭和则出自昭和三色。

　　以上三个品种的锦鲤一般全身都会出现红色花纹，而丹顶是在筛选过程中精选出的只有头顶部有圆形红色花纹的锦鲤，因此更为珍贵。

　　近年来，一些生产者对丹顶锦鲤进行多代配对繁殖，丹顶的出现概率有了很大程度的提高。

　　"丸重""星金"都是丹顶锦鲤的著名生产者。

---

[18] 各种丹顶：丹顶花纹原则上以红色、圆形为主，除此之外，有棱角的被称为"角丹顶"，黑色的被称为"黑丹顶"。

左上：第41届全日本综合锦鲤品评会／丹顶头奖／丹顶红白／星金养鲤场出品

右上：银鳞丹顶／丸重养鲤场出品

左下：第25届日本锦鲤若鲤品评会／丹顶头奖／丹顶三色／大日养鲤场出品

右下：第41届全日本综合锦鲤品评会／50部类樱奖／丹顶昭和／面迫养鲤场出品

衣锦鲤[19]

衣锦鲤的特点是，在红白锦鲤的红色花纹上，出现一片片新月状蓝色。根据蓝色的浓淡程度，可分为"蓝衣""葡萄衣"和"墨衣"。

随着年龄增长，衣锦鲤体表的蓝色色素逐渐变浓。如果衣锦鲤幼年时体表的蓝色斑点较浓，成年后蓝色就会慢慢转黑。所以，为了延长衣锦鲤的美感，应尽量选择那些体表刚刚出现淡蓝色花纹的衣锦鲤。

最初，衣锦鲤是红白锦鲤中偶有出现的稀有品种。最近，通过相互交配，衣锦鲤已经不再罕见。此外，通过衣锦鲤与大正三色、昭和三色等品种交配，甚至还出现了带有蓝色花纹的"大正三色"和"昭和三色"，分别称为"衣三色"和"衣昭和"。

衣锦鲤的著名生产者有"和泉屋""大塚""泷川"等。

---

[19] 衣锦鲤与五色锦鲤的由来：蓝衣与大正三色交配所得到的品种被称为"衣三色"；与昭和三色交配，则得到"衣昭和"。此外，五色与大正三色交配，则产生"五色三色"，与昭和三色交配，产生"五色昭和"。这些品种很难以其外观进行定义。此外，用墨衣与五色交配，可得到一种被称为"春雷"的品种，但并不常见。

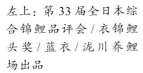

左上：第 33 届全日本综合锦鲤品评会 / 衣锦鲤头奖 / 蓝衣 / 泷川养鲤场出品

右上：第 38 届全日本综合锦鲤品评会 / 衣锦鲤头奖 / 蓝衣 / 大塚养鲤场出品

左下：第 40 届全日本综合锦鲤品评会 / 衣锦鲤头奖 / 和泉屋养鲤场出品

右下：第 41 届全日本综合锦鲤品评会 / 衣锦鲤头奖 / 衣昭和 / 面迫养鲤场出品

德系锦鲤[20]

　　德系锦鲤的源头可以追溯到日本明治时期从德国引进的食用黑鲤。德国自古以来就有食用鲤鱼的习惯，烹饪时刮鱼鳞是一道非常麻烦的工序，为此德国人进行品种改良，培育出了鳞片较少甚至无鳞的鲤鱼。根据鳞片分布的位置，又被分为"镜鲤""革鲤"和"石垣鲤"三种。

　　镜鲤的特点是脊柱和体侧各有一列鱼鳞，革鲤的特点是几乎没有鱼鳞。除此之外，脊柱和体侧以外的部位长有鱼鳞的则被称为"石垣鲤"，一般都弃而不用。

　　"德系锦鲤"并非德国原产，而是德国引进的黑鲤与日本锦鲤交配培育出的新品种。

　　德系锦鲤可以细分为"德系红白""德系三色"和"德系昭和"等品种。由于体表几乎没有鱼鳞，因而花纹的边际特别

---

[20] 德系锦鲤的轨迹：当我们追溯锦鲤发展史时，就不得不承认德系锦鲤带来的巨大影响。德系鲤鱼最初由日本农商务省水产讲习所（现东京海洋大学）的松原新之助所长从德国引进，目的是作为食用鱼。日本鲤鱼的特点是全身覆盖着小小的鳞片。德系鲤鱼的特点是体表无鳞或少鳞，被称为"镜鲤"或"革鲤"。镜鲤的背鳍两侧各有一列大片鱼鳞，腹部中部侧线附近也有排列整齐的大片鱼鳞，其中后者被专称为"镜鳞"。革鲤体表没有镜鳞，只有背鳍两侧各有一列鳞片，鳞片大小明显小于镜鲤。革鲤是经过改良的品种，全身无鳞目的是为了便于食用，其源头的血统与镜鳞同系。在日本原产鲤鱼的基础上，融入德系鲤鱼鳞片的特点，极大地丰富了锦鲤的种类。由于德国原产鲤鱼具有一定的遗传优势，因而可以与任何一个品种进行交配，并保留其鳞片较少的特质。

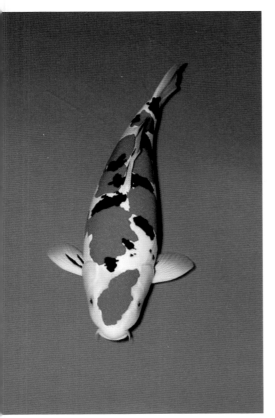 

左：第 35 届全日本综合锦鲤品评会 /65 部类樱奖 / 德系三色 / 川合观
　　赏鱼出品
右：第 41 届全日本综合锦鲤品评会 / 德系锦鲤头奖 / 德系昭和 / 篠田
　　养鲤场出品

清晰，色泽也格外艳丽。这些品种尤其受到海外的锦鲤爱好者的欢迎。

另外，虽然"秋翠"也属于德系锦鲤的一种，但是在品评会上，一般都设有"秋翠"专项评比，而德系锦鲤专项评比中则不包括秋翠、光鲤系列及九纹龙。

较为著名的德国锦鲤生产者有"篠田"和"广井"。

孔雀[21]

"孔雀"是日本荷顷地区的平泽利雄于昭和三十六年（1961年）用秋翠与德系松叶黄金及贴分黄金交配而成。

"孔雀"以往一般被归为花纹皮光鲤类。近年来，随着"孔雀"的产量增加，涌现出越来越多高品味的作品，各品评会也纷纷设立了"孔雀"专项评比。"孔雀"的品质主要取决于全身光泽度、鳞片和花纹的平衡感。

在各家生产者当中，"小西"和"金子"出品的孔雀尤为美丽。

---

[21] "孔雀"的构成三要素：孔雀（亦称"孔雀黄金"）由三个要素构成，即来自"浅黄"锦鲤的底色，加上"光鲤"的光泽，以及红白状的"斑纹"。孔雀从最初出现到作为一个品种固定成型，大约花费了半个世纪的时间。

上：日本第 26 届锦鲤若鲤品评
会 / 孔雀锦鲤头奖 / 孔雀 / 金子养
鲤场出品

下：第 40 届全日本综合锦鲤品
评会 / 孔雀锦鲤头奖 / 孔雀 / 小西
养鲤场出品

九纹龙^[22]

　　九纹龙是由日本兰木地区的广井国雄于昭和二十八年（1953年）用变种鲤中的"羽白"和德系赤松叶交配而成。最近，还出现了带有红色花纹的"红九纹龙"。

　　九纹龙身上的黑色花纹常常随着环境和水质的改变而发生十分显著的变化。同一尾九纹龙，在不同的年份，有时变得通体纯白，有时则墨色渐浓，有时甚至全身乌黑。正是九纹龙的这种多变性让不少玩家产生了兴趣。

　　九纹龙的生产者主要有"松江""宫石"。

---

[22] 九纹龙的来历：据传，"九纹龙"最初因其或浓或淡的遒劲墨色中，隐约可见淡淡绯色斑纹，非常符合古诗中描写的大雨来临前"黑云翻墨未遮山"所描绘的意境，取"龙腾黑云"之意而得名。在日本大正博览会上，所有参展的鲤鱼都有一个昵称。其中有一尾叫作"云龙"的鲤鱼。当时，新泻的鲤鱼生产者对浅黄鲤鱼与黄写鲤鱼交配后形成的带有云朵状花纹的鲤鱼，常常在它们的昵称中加上"龙"字。如同秋翠很好地继承了德系鲤鱼的红色一样，九纹龙的血统源于日本原产鲤鱼，但是它同时完美地呈现了德系鲤鱼特有的墨色，尤其符合人们想象中"龙"的形象，因此不知从何时起，"九纹龙"开始专用于德系锦鲤，我们可以将九纹龙视作德系鲤中的松川化。

左：第 29 届全日本综合锦鲤品评会 / 九纹龙锦鲤头奖 / 九纹龙 / 松江锦鲤中心出品

右：第 41 届全日本综合锦鲤品评会 / 九纹龙锦鲤头奖 / 九纹龙 / 宫石养鲤场出品

日本大正博览会展品图册（伊佐与喜雄收藏）

　　锦鲤的每个品种都有其特点和韵味，人们对锦鲤的喜好当然也会因人而异。赏玩锦鲤最理想的搭配方法是，以御三家为主，同时光鲤、变种鲤、衣锦鲤、丹顶、浅黄等各放入一尾。

　　观赏池里锦鲤品种数量得当、体型大小适中，可提高观赏的整体效果。

锦鲤谱系图

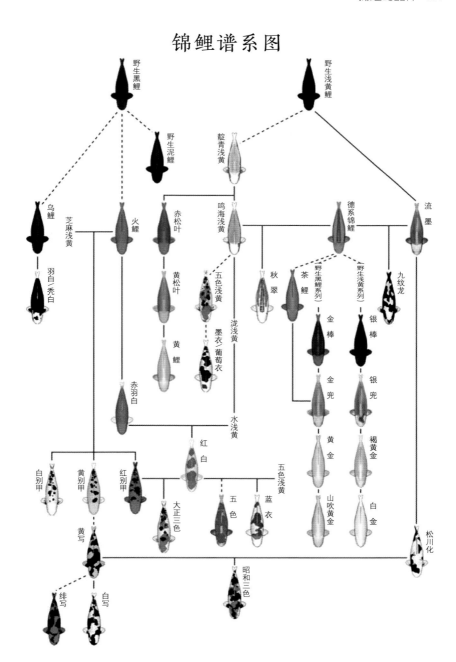

第五章

锦鲤的诞生和成长

本章将介绍锦鲤培育和生长的过程。

有不少玩家觉得锦鲤产卵的过程十分有趣。锦鲤产卵不需要很高的技术含量，而且还相当有趣，各位读者不妨仔细观察一下。

锦鲤的产卵

春天是锦鲤恋爱的季节。随着天气转暖，水温日渐升高，5月初锦鲤便迎来了产卵季。雌鱼的卵巢趋于成熟，腹部变得圆鼓鼓的。雄鱼的两颊和胸鳍长出点状突起，被称为

左：产卵的场景（昭和三色）
右上：雄鱼的肛门
右下：雌鱼的肛门

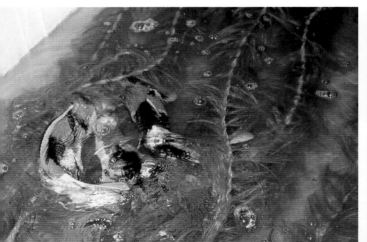

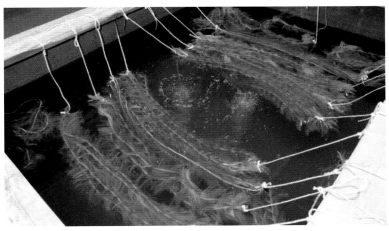

上：锦鲤捕捞出池

下：产卵用的鱼笼，漂浮在水面的是产藻

"追星"。

锦鲤产下的鱼卵须附着在其他物体表面才能受精，因此供锦鲤产卵的产藻是必不可少的。以前，生产者们多用杉树或石松枝叶作为产藻，现在则多用塑料人工产藻。

首先，准备好用于锦鲤产卵的鱼笼，大约5~10米见方，深约50~100厘米。如需观察产卵过程，可用塑料水槽。在鱼笼里放置用于鱼卵附着的产藻，然后放入雌、雄锦鲤。通常，如果在中午前完成以上一系列准备工作，锦鲤必定会在第二天产卵。

黄昏临近，太阳落山，光线渐暗。雌鱼在鱼笼里的产藻上游来游去，确认产藻是否足够稳固。雄鱼追逐其后，追尾行动即将开始。夜深了，雌鱼和雄鱼都变得活跃兴奋起来。此时，雄鱼全身布满"追星"，体表变得十分粗糙，它们不断用突起的追星碰撞雌鱼的腹部，追尾行动渐入高潮。

终于，产卵的那一瞬间到来了。水中的雌鱼发出剧烈的水声，在产藻上游动着，巧妙地将鱼卵散布在产藻上。雄鱼一边不停地追逐着雌鱼，一边不失时机地在刚刚产下的鱼卵上排出白色精液。这神秘而浪漫的情景一直持续到黎明时分。

为了提高亲种锦鲤的受精率，更多的锦鲤生产者采用人工受精的方式。他们从亲种雌性锦鲤的腹部挤压出鱼卵，与亲种雄鱼的精液混和在一起，使之受精。

大型雌鱼每次大约可以排出30万~100万粒卵子，大约能孵化出20万~30万尾的鱼苗。

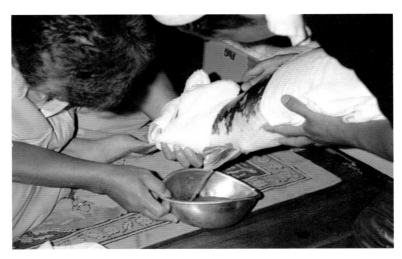

上：人工产卵，鱼卵从产卵孔中排出

下：孵化出的鱼苗（体长 7~8 毫米）

鱼苗的孵化和筛选

　　受精卵孵化所需要的时间因水温而异。当水温达到25℃时，大约需要3天；当水温为20℃时，大约需要4天。刚刚孵化出来的小鱼苗还没有真正学会游泳，它们一般挂在产藻上或水槽壁上。

　　鱼苗们身上带有一个充满养分的囊，称为"脐囊"。新孵化出来的小鱼苗尚不能独立捕食，它们利用脐囊中储存的养分

初次筛选前的鱼苗，孵化后约 40 天（体长约 30 毫米）

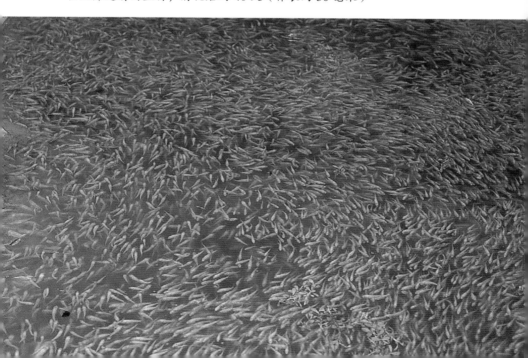

上：筛选昭和三色的黑子
下：筛选黑子前的昭和三色小鱼苗

正在接受筛选的昭和三色

度过出生后最初的时光。孵化第三天开始，小鱼苗开始慢慢学会在水里游动了。

此时，正是把鱼苗从产卵池移入鱼苗池的最佳时机。在放入鱼苗之前，需在苗鱼池里事先培养轮虫和水蚤等动物性浮游生物。在刚刚被放入苗鱼池的前几天，体长不足1厘米的小鱼苗们从这些天然饵料中吸收营养，长势十分迅速。

过了1~2周，池里的天然饵料几乎快被吃光了，于是开始投放人工饵料。这时，一般使用专为小鱼苗准备的粉末状初期饵料。投放人工饵料时，应尽量增加投食的次数，缩短投食的间隔。这样做可以使鱼苗保持较为均衡的生长速度。有些生产者每天喂食的次数甚至多达4~5次。

进入鱼苗池生活20~30天后，小鱼原本透明的身体上开始出现花纹。红白的鱼苗大约在25~30天左右，大正三色则大约在20~25天左右，体表分别出现黄色花纹或黑色色素。

令人惊讶的是，昭和三色和写鲤一孵化出来，就分为"白子"和"黑子"。黑子占其中的20%~30%，这些黑子将来就会长成昭和三色或写鲤。而白子不可能成长为优秀的锦鲤，所以，这两种锦鲤的鱼苗孵化后，一般会立即筛选出其中的黑子放入鱼苗池。

其他品种的锦鲤，则在孵化后的35~40天进行第一次筛选。红白锦鲤的小苗鱼当中，绝大部分是全身红色（赤棒）和全身白色（白棒），体表有红白两色的仅占总数的2~3成。

大正三色的鱼苗中，其体表绝大多数是黄色底色上带有黑色或几乎不带花纹，类似野生鲤鱼，这些小鱼苗当中多多少少能够产生一些类似红白的小鱼苗。只有那些数量很少的带有红、白、黑三色的小鱼苗才会被留下来。

这些比例极小的带有花纹的小鱼苗被放回鱼苗池继续饲养，剩下的小鱼苗只能忍痛弃之不用。整个夏季，前后共进行3~4次这样的筛选，只有那些极少的具有审美价值的小鱼苗才能够闯过层层选拔，它们仅占进入鱼苗池的鱼苗总数的1%~2%左右。如此低的成品率[1]，也是锦鲤被称为"游动的宝石"的一个主要原因。

---

[1] 成品率：原指生产加工过程中制成品对原材料的比例。在锦鲤生产中，则是指存活或筛选中留存的锦鲤对舍弃的锦鲤的比例。

从越冬到长大

日本昭和三十年代（1955年起始），还没有现在这样的越冬玻璃温室[2]。锦鲤在鱼苗池里长到秋天后，被放入露天野池中越冬。据说，一旦遇到天降暴雪的年份，成活率便大大降低。

不过，现在的锦鲤生产者们一般都使用越冬用的加温设施，再也不用担心冬季的严寒给锦鲤带来伤害了。

因为有了温室的保护，当年出生的"当岁鱼"的体长可以从当年秋天捕捞出池时的12~15cm长大到次年春天的20~25cm。饲养得当，如将水温调高到25℃，并大量喂食，锦鲤开春以后的体长甚至可达长到35~40cm。

在温室里度过了一整个冬季的锦鲤，开春以后还将面临一次筛选。部分锦鲤被挑选出来，准备养成"二岁鲤"，其余则用于销售。准备养成"二岁鲤"的那部分锦鲤被放入野外的天然池塘，投以很少的饵料，秋天可长到40~60cm。

---

[2] 越冬温室：锦鲤属于变温动物。冬季水温低，自然界的鱼类进入冬眠期。为了帮助适应能力较低的小锦鲤安全越冬，一般将它们放入可提高水温的越冬温室的水池中。

野池^[3]

　　那些有潜质的优秀锦鲤被称为"立鲤"^[4]。生产者们每年夏天都会将它们移入野池，为的是让这些立鲤长得更肥更壮。

　　那些买入有潜质的立鲤的买家们，也常常委托生产者将自己购买的立鲤放入野池代为饲养。野外的池塘面积大，锦鲤们可以在这里自由自在地成长，体型和色泽也随之变得更加优美，能够带给主人们许许多多的惊喜。可以说，野池生长的锦鲤所发生的惊人变化，是庭院里用自来水养育的锦鲤无法企及的。

　　然而，野池的日常管理绝非易事。锦鲤放入野池以后，人们无法像在观赏池边那样近距离观察锦鲤的状况。为此，生产者们必须付出非同寻常的心血。

　　野池饲养锦鲤，完全依赖生产者长年积累的丰富经验和敏锐直觉，须随时密切关注饵料是否充足，有无寄生虫，容不得丝毫大意。而且，野池完全暴露在自然界当中，容易受天气影响和天敌侵扰，自然灾害等风险如影随行。

　　将自己的锦鲤托付给生产者在野池中饲养，就意味着可能有得有失：一方面能够享受到野外生长的锦鲤带来的惊喜，另一方面也要对潜在的风险做好足够的心理准备。

---

[3] 野池：人工挖掘的灌溉用池塘，或专用于锦鲤养殖的泥池。
[4] 立鲤：专指那些从人工池中捕捞出来，放入野池当中的有潜质的优秀锦鲤。

野池

出池

捕捞出池[5]

　　每年金秋十月，是锦鲤生产者们热切盼望的"捕捞季"。对于忙碌了一个夏天的生产者们来说，锦鲤"出池"无异是一个紧张与兴奋交织的时刻。整个夏季的辛劳能否得偿所愿，将在此时揭开谜底。

　　出池之前，先提前几天放掉池塘里的一部分水，降低水位，静候捕捞出水的那一天。等到了锦鲤出池的那一天，生产者们看着混浊的水面上隐隐露出的锦鲤脊背，心里满是期待和不安——"今年的收成到底如何呢？"随着鱼网渐渐收起，大伙儿亲手将锦鲤一条一条轻轻抱入水槽车，运到展示池中。

　　在大自然的怀抱里成长了整整一个夏天的锦鲤们，有了脱胎换骨的变化，它们体型肥壮，色泽艳丽。

　　锦鲤生产者们一边心满意足地看着刚出池的自家锦鲤，一边和同伴们热切地谈论着养鲤心得。对于他们而言，此时此刻无疑是最快乐的。

---

[5] 出池：从初夏到深秋，将锦鲤放入野池饲养，目的是使其适应自然环境，获得更好的成长和更强的抵抗力。深秋时节，将野池中的锦鲤捕捞出来，称为"出池"。锦鲤生产过程中的"出池"，相当于农民们的"秋收"。

第六章

乐趣无穷的锦鲤品评会

上：锦鲤品评会现场

下：第一届日本综合锦鲤品评会

　　看着锦鲤在自己的精心呵护下一天天成长，生产者们心中洋溢着快乐。和志趣相投的鲤友们相约到锦鲤品评会上一饱眼福，也是锦鲤饲养者的一大乐事。

　　品评会汇集了高水平的锦鲤杰作，是锦鲤爱好者们鉴赏品味锦鲤的绝佳时机。在那里，或许还会有新发现和邂逅呢。

锦鲤品评会的历史

　　据古文献记载，日本第一次锦鲤品评会于大正元年（1912年）在北鱼沼川口村木泽举行，是当时农产品展示会的活动内容之一。

　　单独举行锦鲤品评会，应该从日本昭和四年（1929年）11月在东山村小栗山小学举行的首届山古志养鲤品评会算起。

　　后来，在锦鲤产地的20个乡村，每年都会以各村锦鲤生产组合为单位，在当地的小学操场上举行一次锦鲤品评会。

上：第 41 届全日本综合锦鲤品评会

下：交流"锦鲤经"也是参加品评会的一大乐趣

　　昭和四十年（1965年），由西日本地区的锦鲤爱好者们和流通业者共同倡议，举行了日本全国范围的锦鲤品评会。次年12月，首届全日本锦鲤品评会在东京新大谷饭店举行。凡是与锦鲤相关的人士——锦鲤爱好者、销售者和生产者都参加了本次大会，因此，这届品评会的冠军就是名副其实的"全日本锦鲤王"。为了一睹"全日本锦鲤王"的丰姿，日本各地的锦鲤爱好者们蜂拥而至，排起了长长的队伍。

　　同一时期，以关东地区的锦鲤爱好者为中心组成的日本鳞友会也开始组织品评会。后来，由各个团体主办、各种规模不一的品评会也相继在各地举行，一时盛况空前。

　　近几年来，为了防止锦鲤疫病相互感染，主办方对品评会的展示方法进行了改革，一改以往按照品种和体长进行分类并集中展示的形式，改而学习欧洲品评会的"my pool"形式，以出品人或代理商为单位进行展示。

相约去逛品评会

锦鲤品评会主要分为三种形式。

一是全日本锦鲤振兴会等业界团体主办的品评会，二是锦鲤爱好者团体主办的品评会，三是锦鲤销售商为招待客户而举办的品评会。

全日本锦鲤振兴会主办的品评会对参展人没有任何限制，任何人都可以通过委托振兴会会员，在展会上展出自己的锦鲤。锦鲤爱好者团体主办的品评会原则上仅限本团体的会员才能参展。锦鲤销售商举办的小型品评会则仅面向客户，客户们将自己购买的锦鲤集中到一起，进行鉴赏比较。

这些品评会一般在每年秋季的10—11月或春季的4月份举行，因为此时是锦鲤一年中状态最好的季节，也是最适宜运输的季节。

品评会基本都不收门票，可以自由入场观赏，是人们提高锦鲤鉴赏水平的最佳时机。在这里，锦鲤爱好者、生产者和流通业者们带来自己最心爱的锦鲤，齐聚一堂，让人们尽情地观赏。

举办品评会的主要目的是搭建一个平台，让爱好者、销售者及生产者们加强交流、相互切磋、共同提高。在品评会上，结识更多志同道合、兴趣相投的朋友，也是一大收获吧。

带着锦鲤去参展

当自己心爱的锦鲤长大了，是否会考虑带着它去品评会参展呢？

有意参加品评会的锦鲤爱好者，可以向购买锦鲤的店铺或生产者进行咨询。所有全日本锦鲤振兴会的会员都可以协助客户办理参展手续，并提供锦鲤打包运输服务。

参加锦鲤爱好者团体举办的品评会，原则上需要成为该

大会综合优胜奖的评审投票，为了保正权威性和公平性，采取严格的记名投票的方式

上：第 28 届日本锦鲤若鲤品评会现场

下：各种奖杯一字排开

团体的会员。振兴会会员也可以帮助代办爱好者团体的入会手续。

　　品评会上，对参展锦鲤按照品种和体型大小进行分类和评比。大会预先选定的评审员们根据锦鲤的体型、天资、花纹、品位、风格等多个方面进行综合考评，评选出优胜、准优胜等奖项。获奖者被授予奖杯或奖状，遗憾落选的锦鲤则获得参与奖等鼓励。"大会综合优胜奖"是所有参赛锦鲤的最高奖。

左：日本爱鳞会第 45 届全国品评会（2010 年，岛根县出云圆顶体育中心）
右：第 41 届全日本综合锦鲤品评会（2010 年，新泻市朱鹭展览中心）

评委们考评的主要依据是锦鲤参展时的状态，特别是品相和色泽。为此，一些品评会的狂热爱好者甚至会瞄准品评会的日程，从数月前甚至半年前就开始精心准备。

锦鲤在品评会上获得好名次，意味着自己的鉴赏能力和养殖技术受到了评审专家们的肯定，还有什么比这更让人欣喜的呢？

品评会是锦鲤界的盛大节日。人们兴高彩烈地赴会参展，为的是与同行切磋技艺，增进友谊，并不会纠结于评选的结果。以锦鲤为媒，结交志趣相投的朋友，这才是参加品评会最大的意义吧。

上：表彰仪式（第 50 届日本新潟农业嘉年华）
下：来宾观摩（第 28 届日本锦鲤若鲤品评会）

第七章
锦鲤观赏池的施工要领

锦鲤观赏池的风格十分多样，既有天然石块堆砌而成的日式池塘，也有像游泳池一样的西式水池，还有可以放在阳台上的塑料水槽。无论是哪种观赏池，都须切记两件事。

首先，建造水池时一定要将能够保持优良水质、适合锦鲤栖息作为首要条件。

为了让锦鲤健康成长，必须给它们投喂饲料。鱼儿吃了饲料，自然会产生排泄物。这些排泄物是造成水质恶化的最主要原因。为此，须采用适宜的水池构造和净化设备[1]，防止锦鲤粪便污染水环境。

其次，观赏池易于打扫和管理也十分重要。建一个锦鲤观赏池需要下很大的决心，如果维护起来十分麻烦，养锦鲤反倒成为一桩负担，就谈不上什么乐趣了。

建造锦鲤观赏池之前了解这些基本常识，可以避免走弯路。

目前，绝大多数锦鲤观赏池都采用循环过滤模式——将观赏池的底部和中间层的水引流到净化槽中，进行净化和适当处理，然后再重新回流到观赏池里循环使用。

建造一个理想的观赏池，首先要考虑水池的地点、大小、

---

[1] 净化与过滤：一般而言，"净化"是指借助微生物保持水质洁净，"过滤"则是指利用固体物过滤污物。锦鲤的养殖水必须使用经过净化的水，观赏池中具有水质净化功能的区域应称为"净化槽"，但是大家都习惯性地将其称作"过滤槽"，因此"净化"和"过滤"的区别变得模糊不清。本书力争尽量区别使用"净化"和"过滤"这两个概念。但是，对于锦鲤行业内已经约定俗成的叫法，本文将直接加以引用。

自然石堆砌的日式池塘

形状、深度、水源、净化设备等多种因素。

观赏池选址应该建在便于观赏的地方，如入户玄关附近，或者透过客厅落地窗能够看到的庭院里。此外，考虑到每天都要给锦鲤投饵，还有日常养护，以选择自家门前屋后为宜。

池子大小应根据锦鲤体型大小而定。如果锦鲤体型较小，小型水池即可满足要求；如果锦鲤体型较大，而且将来还会继续长大，就需要一个面积较大的池子。如果空间和预算有富余，则观赏池宜大不宜小。

下面，将对观赏池建造的基本要点逐一进行说明。

水池形状和面积

　　水池是庭院的重要组成部分，它的形状会影响庭院整体效果。锦鲤的观赏池在追求美观的同时，应尽量避免过于复杂的结构。从有利于锦鲤游动和水质管理的角度来看，椭圆型和长方形的观赏池尤为适宜。

　　有的人会在锦鲤池里专门留一角锦鲤藏身之处，其实，这样做并不利于岸上的人观赏锦鲤，有画蛇添足之嫌。

　　水池面积可根据锦鲤的大小而定。30厘米以下的锦鲤，每条平均需要2~5平方米面积，80厘米以上的锦鲤每条平均需要10~15平方米。

观赏池形状以简约为宜

玻璃温室内的观赏池

水池深度

水池深度同样也需根据锦鲤体型大小而定，一般以体长的2~3倍为宜。即，30厘米的锦鲤需要60~100厘米水深，80厘米以上的锦鲤则需要1.5~2米的水深。

曾经也有人建造过水深3米以上的池子，不过效果并不理想。

水池高度

若用天然石块堆砌水岸，则池塘的水面应与地面保持齐平。而且，石头背面必须用水泥封实。如果垒起的石头太重，会因底部下沉而造成石头开裂和漏水。为防止雨水和砂石流入水池，岸边的石块应高于地面至少10~15厘米。

如果是水泥或砖砌的游泳池式水池，水面则应高出地面，这样既便于观赏锦鲤，也方便捕捞或放入锦鲤。

葫芦形水池安装实例
（0.3~1.5吨）

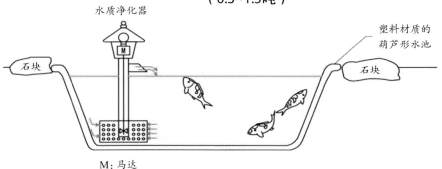

水质净化器

塑料材质的
葫芦形水池

石块

石块

M：马达

阳台用塑料水槽安装实例
（0.5~2吨）

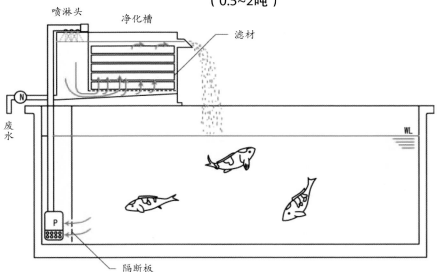

喷淋头　　净化槽

滤材

废水

WL

P

隔断板

WL：水面高度（下同）　　N：阀门（下同）　　P：水泵（下同）

小型观赏池的施工实例
（2~10吨）

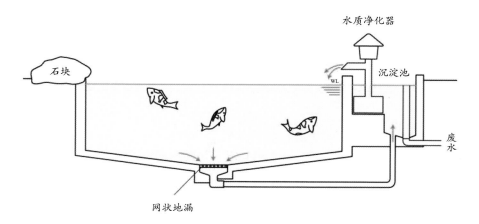

中型观赏池的施工实例
（5~30吨）

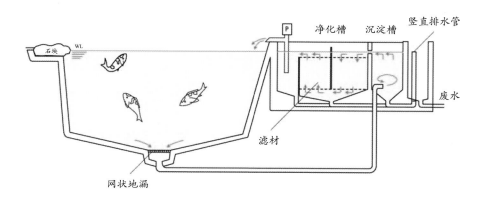

大型观赏池的施工实例

（20~100吨）

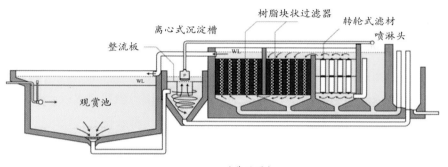

树脂块状过滤器　转轮式滤材　喷淋头

离心式沉淀槽

整流板

观赏池

（截面图）

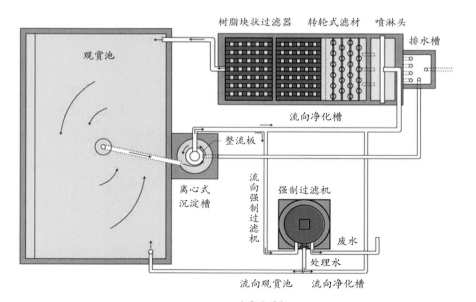

观赏池

树脂块状过滤器　转轮式滤材　喷淋头

排水槽

流向净化槽

整流板

离心式沉淀槽

流向强制过滤机

强制过滤机

废水

处理水

流向观赏池　流向净化槽

（平面图）

池底形状

观赏池底部的形状对水质管理至关重要。为了保持水质干净，必须将锦鲤粪便和残留饲料尽快清理干净。为此，池底的结构应该有利于快速而有效地排除污物。

通常，池底中央部分是最深的，这样有利于污物和底水一同从水池底部迅速排出。为防止锦鲤随水流卷入排水口，建议安装网状地漏[2]。

沉淀池

除了锦鲤粪便和残留饵料，树上的落叶等也会一起沉到池底。沉淀槽的作用就是沉淀去除这些固体废物，从而有效提高净化槽的效率。

最近较为流行的是离心式沉淀法。在欧洲，还开发出了鼓式过滤机。笔者将在后面的"各种各样的净化设备"一节中详细介绍。

---

[2] 网状地漏：安装在排水口的盖状排水装置。由于可有效防止锦鲤随水流进入排水口，因此俗称"过滤网"。

上：完工前的观赏池

下：刚刚完工的观赏池

养殖水

人们一般使用自来水和地下水养殖锦鲤。山区也可使用山间的溪水和泉水。

河水和湖水中常含有各种病原体，容易使锦鲤受到寄生虫的侵袭，应杜绝使用。

日本的自来水是经过高度净化的可饮用水，也最适合用来饲养锦鲤。自来水中含有大量消毒用的氯气，在放水入池前，不要忘了先中和掉水中的氯气。此外，大型水池用水量大，水费也是一笔不小的开支。

地下水成本较为低廉，但是有些地方的地下水水质并不适合饲养锦鲤。通过水质检查并达到饮用标准的地下水，则可以放心使用。在不同的地区，地下水的成分也各不相同，有的富含铁质，有的则硬度过高，需使用专用设备去除多余的铁质或者用软水机进行软化。

除此之外，地下水的溶氧量几乎为零，加水之前应进行充分的曝气处理[3]，提高水中的含氧量。

---

[3] 曝气：向水中补给空气。锦鲤爱好者们常常用喷淋头向池中注水，或做成人工瀑布，以达到增加水含氧量的效果。

改进注水方法，可取得理想的曝气效果

去除水泥碱

　　建造锦鲤观赏池，水池主体部分都用水泥砖或水泥砌成，最后在表面涂上砂浆。在砂浆中掺入防水剂，可以防止水池渗水。

　　涂抹完砂浆以后，可加涂一层防水涂料。一来可以防止砂浆层漏水，二来可防止砂浆老化。防水剂和防水涂料还可有效阻止水泥中的强碱成分溶解到水中。使用适量的防水剂，可达到去除水泥碱的效果。

防水层施工完毕后的观赏池内侧

各种各样的净化设备

选用净化设备，要根据水池大小和水量多少而定。下面将结合各种实际情况逐一进行说明。

水质净化器

水质净化器主要用于小型观赏池。由于安装简便，价格低廉，深受锦鲤爱好者们喜受。20世纪60年代至70年中期，日本

水质净化器

开始规模化生产这种小型净化器，它是助推第一次锦鲤热潮的"功臣"之一。

这种水质净化器的顶部是照明灯和马达，底部是过滤器，结构十分简单。通过底部转动的叶片将水池里的水送入过滤器过滤，然后从顶部的出水口回流到池中。水从顶部出水口流出，还能起到曝气的作用，提高水的含氧量。

这种净化器的不足之处在于，每3~7天就必须对过滤器进行清洁，维护起来多少有些费事。尽管如此，它仍然是小型观赏池的不二之选。许多锦鲤爱好者正是在它的帮助下，迈出了锦鲤饲养的第一步。

强制过滤机

这种过滤机的工作原理是，用水泵将池中的水压入水池外侧装有滤芯的容器中，经过净化以后，再将水送回水池里。当滤芯中的污物堆积较多时，可通过操纵杆或按钮，对过滤槽进行自动清洗。除此之外，部分过滤机的主机还安装有感应器，可自动感应过滤槽堵塞的程度，自动启动清洗程序。强制过滤机虽然价格偏高，但是仍然在中小型观赏池过滤设备中占据着主流地位。

强制过滤机

强制过滤机

开放型过滤槽

下面介绍另一种中小型观赏池常用的整体过滤槽——装满滤材的四方形塑料箱或FRP塑料箱。

水泵将池水压入过滤槽中进行净化，然后回流到水池当中。

这种过滤槽的清洗方法是，先排干过滤槽里的水，然后从上方向槽内喷水，将滤材冲洗干净。

对于大中型观赏池，也可用砖块和水泥砌成净化槽，向其中填充滤材。滤材的种类有树脂块滤材、转轮式滤材、塑料立体网、沸石等。除此之外，市场上还推出了一种新型多孔状高性能滤材——晶状生物滤材。

　　无论是强制过滤机，还是开放型过滤槽，都须在过滤前设置沉淀槽，去除水中的固体杂质，提高过滤的效率。

　　为有效去除杂质，一般采用离心式沉淀槽。将水池底水导入离心式沉淀槽，杂质随水流旋涡沉入沉淀槽的圆锥形底部。

　　沉淀槽水面下方30厘米处安装有整流板，可有效沉淀杂质。除了质量较轻的浮游物，其余杂质均可被整流板挡住，从而减轻过滤槽的负担。

开放型过滤槽

离心式沉淀槽

流向净化槽或强制过滤机

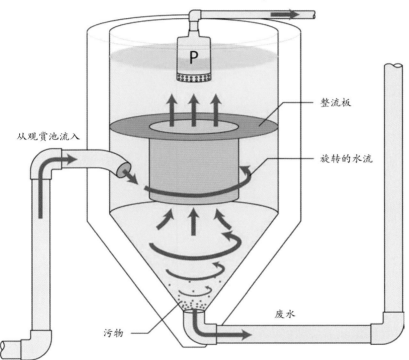

整流板

旋转的水流

从观赏池流入

污物

废水

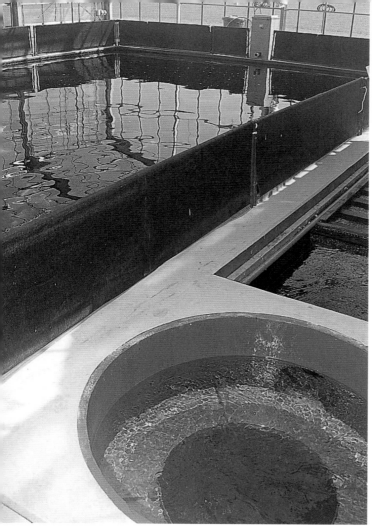

滤材之一
（晶状生物滤材）

鼓式过滤机

　　鼓式过滤器是目前欧洲较为流行的一种新型过滤装置，其主要特点是使用布满40~70微米大小网眼的不锈钢板进行过滤。

　　鼓式过滤机工作原理是，将池水引入鼓状过滤槽中，通过不锈钢面板去除杂质。一旦不锈钢面板上的网眼堵塞，感应器将立即启动，一边旋转不锈钢面板，一边从喷淋头中喷出高压水流，清洗阻塞的网眼。目前，这种过滤装置尚未在日本得到广泛使用，但是可以预见，在不久的将来，日本市场也会见到它的身影。

鼓式过滤机

紫外线杀菌灯和臭氧生成装置

　　每到夏天，日照良好的水池里的水就容易变绿。这是因为水中生成大量植物性浮游生物。浑浊的池水影响锦鲤观赏，这时紫外线杀菌灯就有了用武之地。

　　紫外线杀菌可以杀死水中的植物性浮游生物，防止细菌造成鱼病，净化池水。

　　紫外线一方面有很强的杀菌作用，另一方面也不会对锦鲤造成严重伤害。通常，杀菌灯并不直接安装在饲养池上方，而是安装在沉淀池和过滤槽的后端。

　　此外，还有厂家推出了臭氧生成装置，利用臭氧的杀菌作用来净化水质。

紫外线杀菌灯

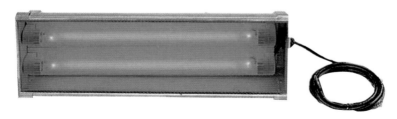

用小型水槽饲养锦鲤

室内玻璃小槽

最近，越来越多年轻人用室内玻璃槽饲养锦鲤。

锦鲤是一种十分珍贵的观赏鱼。放在面积宽敞的水池里饲养，锦鲤可自由自在地游来游去，被投以足够的饵料，能在短时间内迅速长大。相反，如果被放在小水槽中饲养，则能保持它小巧的体型。

大池子里的锦鲤一年可以长到50厘米，而养在小水槽里的锦鲤，五年以后仍然可保持在20厘米左右。

用玻璃水槽饲养锦鲤时，体长15~20厘米的锦鲤可使用60厘米见方的水槽，30~35厘米左右的锦鲤可使用90厘米见方的水槽。

玻璃水槽一般放置在室内，十分便于控制水温。透过玻璃从侧面观察锦鲤，可及时了解它们的健康状况，及早发现寄生虫病和鱼病。

对于60~90厘米见方的水槽，只需在其顶部加装一个和水槽配套出售的过滤器即可。尺寸更大的水槽，则需在底部安装小型过滤机或强制过滤机，用于净化水质。

将水槽放在室内光照较强的地方，玻璃表面容易产生水垢和青苔。这时，可使用除苔磁性擦将玻璃擦拭干净，或用市面上销售的防青苔化学药剂去除青苔。

小型锦鲤可用小型水槽饲养

阳台饲养锦鲤

　　饲养锦鲤并不一定要在院子里挖建观赏池。公寓楼的阳台和独栋别墅的门厅，都可以养锦鲤。在空间较为狭小的地方，通常可用四方形塑料水槽或葫芦形水池，所需水量从数百升到数千升不等。根据水量多少，安装不同的净化设备。其中，葫芦形水池用水质净化器即可。

　　挖建观赏池，最好委托专业园艺公司或锦鲤专卖店。需要注意的是，一些专业园艺公司往往缺少锦鲤专业知识，容易片面地追求美观，建好的池子常常不适宜锦鲤观赏。而锦鲤专卖店可能并不擅长土建施工。所以，最好的方法应该是实现两者优势互补，使设计和施工相得益彰。

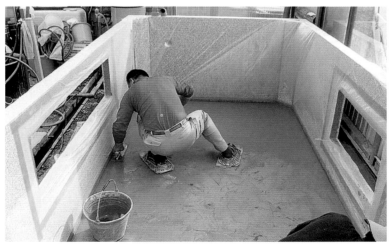

上：德系锦鲤的腹部也有美丽的花纹，尤其适合透过透明水槽观赏
下：挖建水池

第八章

做个精明的锦鲤买家

集市上的锦鲤买家络绎不绝

　　一些刚入门的爱好者在初次购买锦鲤时，最关心的一个问题就是"怎样选购合适的锦鲤"。我给大家的建议是——最喜欢的，就是最好的。

　　饲养锦鲤既不是为了向别人炫耀，也不是为了得到他人的夸赞，而是出于自己的兴趣爱好。所以，评判锦鲤的标准当然也因人而异了。每天看着锦鲤的曼妙身姿在水里悠游来去，陪伴它们一天天长大，在得到美的享受的同时，还能够分享锦鲤成长的喜悦——这不正是锦鲤爱好者们最初的出发点吗？

正所谓"情人眼里出西施"，每个人对"俊男美女"都有自己的判断标准。选择自己中意的新娘也许一生只有一次机会，但是选择自己喜欢的锦鲤，就自由得多了。各种各样的锦鲤正在等待您的挑选，请把自己喜欢的锦鲤都带回家吧！

建造好了观赏池，接下来就等着把锦鲤带回家了。把锦鲤放入观赏池里之前，还有几点注意事项。

提升净化能力

刚刚启用的净化系统，还不能有效过滤池水中的杂质和有害物质。因此，无论新建的观赏池配备了多么先进的净化系统，都需要试运行一段时间，来提高净化能力。

池水净化槽的工作原理是，净化槽中生成可净化水质的微生物，利用这些微生物将水中含有的氨气、亚硝酸等有害物质分解成无害的硝酸盐，这一反应也被称为"硝化反应"。新安装的净化系统需运行2~3周，才能真正发挥净化功能。

观赏池刚投入使用时，可先放入几尾价格便宜的锦鲤，每天喂食。2~3周以后，水中逐渐生成能够净化水质的微生物，开始产生硝化反应，水质也随之趋于稳定。这时，就可以往水池中增加一些锦鲤了。

新建观赏池的净化槽需运
行 2~3 周, 才能正常发挥
净化功能

锦鲤入池前的注意事项

　　将选购来的锦鲤放入观赏池时，一定要注意水温的差异。一般买来的锦鲤被装在充氧的塑料袋当中带回家，塑料袋中的水温和水池的水温有一定的温差。当温差小于2~3℃时，一般并无大碍。如温差过大，则需将装有锦鲤的塑料袋先放入池中，在水面上漂浮1~2小时，等内外水温基本接近了，再打开袋子。由于塑料袋里的水在运输途中已经被锦鲤的排泄物污染，应先将锦鲤连水一同倒入水桶，然后再从水桶中捞出锦鲤放入池里，桶里的污水直接倒进下水道。

　　锦鲤换了池子，进入新的环境，会变得兴奋起来，有时贴着池壁游动，有时高高跃出水面，甚至还会从水池的四角或循环水注水口处跳出水池。所以，在将锦鲤放入新的观赏池后的2~3天，最好在水池周围安装防护网，或将水位调低，防止锦鲤跃出水池。

　　此外，新买的锦鲤容易带入寄生虫和新的病菌。一般而言，锦鲤专卖店都会定期消毒，防治寄生虫，但难免也有防范不周的时候。因此，将锦鲤带回家以后，最好先放入小隔离池，仔细观察2~3周。确认没有异常，再将其放入观赏池中。

锦鲤入池前的注意事项

选择值得信赖的锦鲤专卖店

选择锦鲤的第二个关键点，就是请专卖店老板和店员们做参谋。

对自己的鉴赏能力过于自信，容易冲动购买。一眼看中就毫不犹豫地买回家，可是再仔细看看，又后悔不已。

锦鲤专卖店的店主和职员都是专业人士，不但拥有丰富的锦鲤专业知识，而且还熟悉每条锦鲤的成长过程和体质状况。挑选锦鲤时，不妨先请店家根据你的喜好选出几尾符合要求的锦鲤，然后亲自从中挑选最中意的，这才是最聪明的做法。

　　最近，也有不少买家网购锦鲤。一些网店店主享有很好的信誉，价格也相对便宜，深受锦鲤爱好者喜爱。不过，网购也存在一定风险，仅凭网上显示的锦鲤照片来购买，看到实物也许会大失所望。

　　购买锦鲤，一来二往，和锦鲤专卖店就成了老朋友。在考虑买什么样的锦鲤之前，不妨先花一点时间，看看哪家锦鲤专卖店更值得自己信任。选择一家自己信任的锦鲤专卖店，这是购买到心仪的锦鲤的前提条件，也是最为关键的一点。

与锦鲤销售者建立深厚的信赖关系十分重要

选购锦鲤，从选择诚信的锦鲤销售者开始

第九章

锦鲤的鉴赏要点

锦鲤的价值体现在"稀缺之美"

观察体形、色彩和花纹

提高锦鲤鉴赏能力，关键要不断开阔眼界，尽可能多看"好锦鲤"。这里所谓的"看"可不是随随便便看两眼，而是全神贯注仔细观察。

单纯为了好玩而去逛锦鲤店或锦鲤品评会和带着选购目的

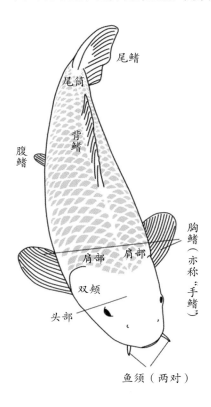

尾鳍

尾筒

背鳍

腹鳍

肩部　肩部

双颊

头部

胸鳍（亦称"手鳍"）

鱼须（两对）

去看锦鲤，两者的认真程度是完全不可同日而语的。反反复复地用心仔细观看，时间久了，自然能够分出锦鲤的高下。

"物以稀为美"，锦鲤亦不例外。锦鲤饲养者根据长年的实践经验，反复进行筛选，留下的锦鲤都具有"稀缺之美"，有其独特的价值。我们不妨揣摩一下专业锦鲤饲养者在决定"这一尾留下""那一尾淘汰"时，他的取舍标准到底是什么。久而久之，就能领悟到鉴赏锦鲤的真谛了。

笔者在"锦鲤的种类"一章中曾介绍过一些鉴赏的要点。本章还将就每个品种锦鲤的鉴赏要点做更加深入而细致的介绍。

首先，无论哪个品种的锦鲤，都有一个重要标准——"体型"。那些畸形和体形异常的锦鲤自然不符合标准。好的锦鲤鱼鳍和鱼须必须完好无损，鱼鳞应排列整齐，体表没有癞痕。其次，锦鲤游动时的姿态和气度也很重要。

下面，让我们来看看每种锦鲤的鉴赏都有哪些要点吧。

红白

　　说到锦鲤，很多人脑海里首先会浮现出"红白"的形象。红白，是最受欢迎、也是最多见的锦鲤品种，更是内涵最深的锦鲤。可以说，"得红白精髓者，得锦鲤之精髓"。

　　"红白"的配色极简单，纯白底色，红色花纹（绯质）。鉴赏红白锦鲤，须观察其底色、绯质的切边和鱼鳞插片深度、厚度、均匀度、色相、花纹的均衡性等多种因素。

　　首先，纯白的底色对于红白来说非常重要。只有纯白的底色，才能衬托出明艳的红色花纹。它晶莹无瑕，就像刚剥去壳的鸡蛋，如凝脂般润泽，有着无以言表的美感。它让人想起诗人白居易对绝世美女杨贵妃的赞颂——"春寒赐浴华清池，温泉水滑洗凝脂"。

　　其次，要看红色花纹的切边和插片，也就是白底与绯质的边际。边际线要求干净整齐。

　　鲤鱼鳞片前后呈覆瓦状排列，前方鳞片覆盖在后方鳞片上方，后方鳞片插入前方鳞片下方，多层重叠。绯质鳞片覆盖在后方白色鳞片上方的部分，其分界线被称为"切边"；绯质鳞片插入前方白色鳞片下方，形成的粉红色块称为"插片"。

　　"切边"分两种：一种是切边以鳞片为边界，整片鱼鳞全部呈红色，被称为"鳞切边"，另一种不以鳞片为边界，呈直线状，被称为"直线切边"。这两种切边各有韵味，并

左上：鼻尖染红的红白，从容不迫的力量感

左下：九天三段红白，威风凛凛的大将风度

右上：风格独特的花纹——"夜蝶"

右下：九天四段红白，丰腴柔美的女性魅力

无优劣之分。

"插片"，宜浅不宜深。鳞片绯质当然以厚重、深沉为美。但是，插片又深又长并不意味绯质的深沉而醇厚，较浅较短的"插片"最富有美感。

绯质是否均匀厚实，与绯质的颜色深浅并不能划等号。浅红的绯质仍然可以是厚实的，而深红的绯质有时则是稀薄的。那种层层叠叠、致密均匀、细腻无瑕的红色，方能称为上品。

同样的红色，有各种不同的色相，桔色系、粉红色系、朱红色系……不一而足。对于色彩，只有喜好不同，没有优劣之分。

单片前插

鳞切边

插片过深

直线切边

左上：绯质厚实，气度非凡，颇有王者风范

左下：姿态舒展隽逸，绯质柔和细腻

右上：口红红白，娇俏优雅

右下：闪电红白，切边清晰整齐，嘴边一点红色略显俏皮关于花纹的分布，通常认为眼睛周围、鱼吻、两鳃、前鳍和尾鳍没有染上红色者为佳。这是根据古代所说的"红白五难"而形成的标准。不过，欣赏锦鲤应该不拘一格，要善于发现每条锦鲤特有的韵味和特点。如果将"红白五难"奉为至高无上的准则，往往容易墨守成规，只盯着那些中规中矩、缺乏个性的锦鲤。

大正三色

"大正三色"的特点是，红白两色的花纹中点缀有墨色斑点。大正三色的绯质的判断标准与红白基本相同。

关于墨斑，落在纯白底色上被称为"穴墨"，叠在红色花纹上则被称为"叠墨"。纯白底色上的"穴墨"端庄大气，红色花纹上的"叠墨"雄浑深沉。

大正三色的黑色素分布在底层真皮深处，当岁和两岁时，墨斑并不明显，近似淡蓝色。长到三岁、四岁时，墨色逐渐浮现出来，进而变成漆黑色，显得越发美丽。

左上：大正三色，头部半月形红色花纹，肩部纯白底色上浓重的穴墨，令人印象极为深刻

右上：小丸天三色，头部的红色花纹清秀可人，个性十足，富有意趣

左下：二段花纹的大正三色，红墨比例绝佳，自带大家风范

右下：三段穴墨三色，肩部纯白底色上点缀墨纹，清雅端庄

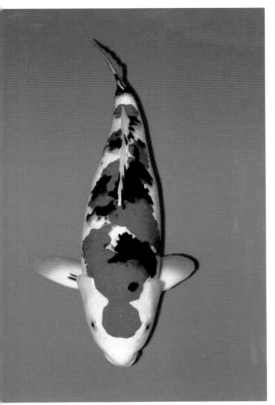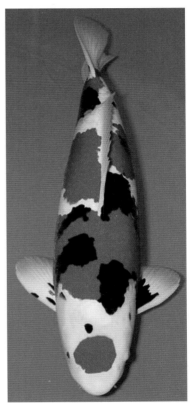

左：大墨三色，肩部花纹浓墨重彩，兼具格调之美和力量之美
右：九天叠墨三色，墨色恣意挥洒中见章法，力量感十足

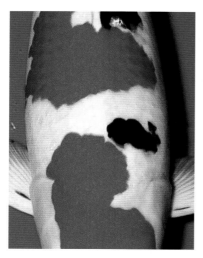 

穴墨　　　　　　　　　　　　　　叠墨

昭和三色

一言以蔽之，"昭和三色"的魅力在于其豪放的风格。昭和三色的墨斑除了出现在头部、前鳍根部等处，有的还会围绕腹部和背部一周。与大正三色不同，昭和三色的墨斑如浓墨泼洒，连绵不绝，别有趣味。鼻墨纹，面割纹、肩头浓墨纹，豪放之风，无出其右者。

昭和三色的墨色变幻不定，当岁和两岁的小鲤鱼只带有淡蓝色和影影绰绰的淡墨色，随着年龄增长，墨色渐浓，雄浑之

上：昭和三色的基本特点之一——从嘴部开始带有人字形墨线

下：明快的红色和厚实的墨色，显示出高贵的血统

左：体格威武，雄浑有力
右：体型丰腴，气质高雅

昭和三色墨斑变化

隐藏在肌肤深处的墨斑，随着成长而逐渐显现

3 岁

当岁

2 岁

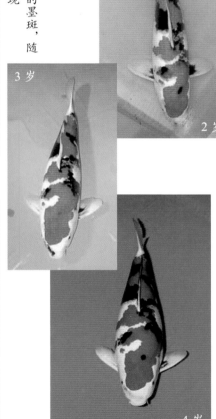

这条雄鱼长大后鼻墨纹虽未显现，但体格却十分健壮

3 岁

4 岁

昭和三色墨斑变化

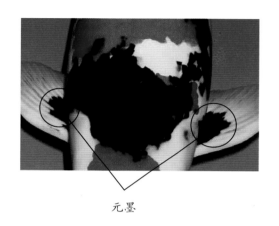

元墨

气势也日渐彰显。

昭和三色胸鳍根部的墨色被称为"元墨"，两侧对称的"元墨"显得异常可爱。如果胸鳍部出现"元墨"，即使躯干部分墨色尚不明显，假以时日，仍极有可能出现墨斑。

写鲤

早在日本昭和四十年代（1965年起始），"白写"还默默无闻，数量也不多。不过，到了昭和五十年代（1975年起始），经过改良的白写，因其纯白的底色和雅致的花纹，一举成为爱好者们追逐的对象。

白写锦鲤墨色花纹的特点，与昭和三色基本相似。不过，由于白写锦鲤只有黑白两色，因此纯白底色的色泽显得尤为重要，主要看它能否衬托出墨色的质感。这一品种的墨色花纹变化非常明显，当岁的墨色到了两岁时往往变得不太明显，而到了三岁和四岁时，又再次显现出来。这一类白写的墨色色泽更加鲜明，品位更高[1]。

近年来，白写锦鲤改良的速度很快，出现了不少优质品。甚至在有些品评会上，一举击败"御三家"，成为各单项奖或分类综合奖的冠军。

写鲤除了白写之外，还有绯写、黄写等品种。这些品种的幼鱼并不出众，但是随着其慢慢长大，会显示出别具一格的风范与神韵，并因此而拥有大批拥趸。绯写锦鲤身上常常出现芝麻状墨斑[2]，会影响其观赏性。

清新动人、气质优雅的白写

[1] 青皮：指墨质尚未显现、呈淡蓝色的肌肤。这种随着锦鲤年龄的增长而逐渐浮现的墨质具有很高的品味。
[2] 芝麻状墨斑：像芝麻粒那样的小墨斑。从锦鲤鉴赏的角度来看，是多余的瑕疵，也被称为"砂墨"。

左：白写，绝妙的黑白对比渲染出最动人的白系花纹

右：白写，墨纹苍劲有力，体型隽逸灵动

左：黄写，如此澄澈干净的黄色十分罕见
右：绯写，古朴中蕴含非凡的气魄

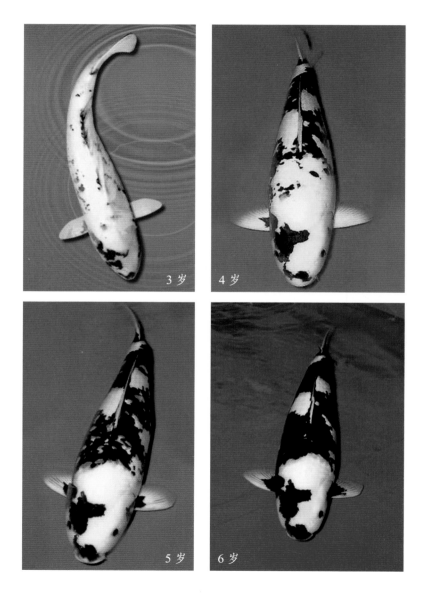

纯色光鲤

　　"山吹黄金"是纯色光鲤的代表性品种，它全身金光闪闪，是名副其实的"富贵的象征"。山吹黄金头部色泽明亮温润，无丝毫阴翳，一片片覆轮[3]层层叠叠，气度不凡。通体闪着银光的"白金"也同样受到锦鲤爱好者们青睐。白金与山吹黄金被爱好者们并称为"阿金和阿银"，两种锦鲤常常配成一对来饲养观赏。

　　纯色光鲤还有"金松叶""银松叶"等品种，它们头部的明亮色泽和躯干部分的鳞片形成的网纹[4]，正是最主要的看点。近来，一种名叫"老黄金"的品种成为锦鲤爱好者们的新宠。

---

[3] 覆轮：鳞片露出部分的外缘。鳞片一层层相互覆盖，只露出一小部分变薄的扇形外缘。不过，覆鳞的外观并不完全相同，有的扇形外缘颜色变深，有的则是鳞片重叠部分色素密集。覆轮原指用金银装饰的刀鞘或马鞍的边缘，因此不能写成"覆鳞"。
[4] 网纹：形容锦鲤全身的鳞片外观如同一张打开的网。单片鳞片露出的部分呈扇形，整体看起来就像一张网。因此也称为"网状花纹"。

山吹黄金，夺目的金黄色如同金箔一样光彩照人

左：老黄金稳重富态的体型令人叹为观止

右：白金的银色光泽彰显高贵气质

左：金松叶，头部平滑无瑕，网状花纹分明有序
右：银松叶，银妆素裹，网纹十分美丽

花纹光鲤

花纹光鲤主要有"菊翠"[5]"贴分""大和锦"等品种。

带有桔色花纹的德系白金光鲤，被称为"菊翠"，它继承了德系鲤切边清晰、色泽艳丽的特点，以花纹匀称者为佳。

"贴分"锦鲤分为日系贴分和德系贴分两种，其中全身金黄的德系贴分在海外各国尤其受到追捧。

"大和锦"相当于光鲤中的大正三色，也分为日系大和锦和德系大和锦。其中，德系大和锦也被称为"平成锦"。此外，还有一种带有红白花纹的光鲤——"樱花锦"。

以上品种都属于光鲤系列，光泽度是其的看点。

---

[5] 菊翠：由于发音相近，菊翠也常常被称为"菊水"。

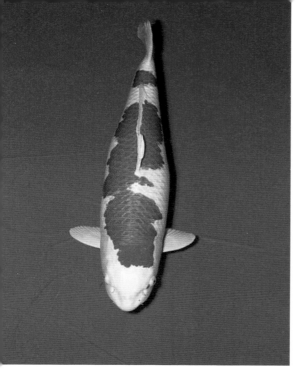

上：樱花锦，白金般光泽的
头部和平衡感十足的花纹
实为难能可贵
下：平成锦，全身光彩照人，
红色花纹重彩铺陈，艳丽
中透出高贵气质

菊翠，富于变化的桔色花纹如神来之笔

左：德系贴分，全身散发炫目的光芒，是名副其实的"水中宝石"
右：贴分，丰腴的体型和富有平衡感的花纹，是天然的杰作

浅黄

　　"浅黄"最大的魅力在于它无法言表的古朴之美。浅黄是一个古老的品种，色彩并不华丽，其头部近乎透明的白色和躯干部简洁的网纹是主要看点。

　　浅黄两颊、胸鳍根部和腹部的红色花纹，与背部的浅蓝色网纹，互为映衬，相得益彰。

　　浅黄幼年时期看起来十分平凡，当体长达到70~80厘米时，其质朴之美便展现无遗，兼具非凡的美感和力量感。

左：威风八面的体型和洁白无瑕的头部是浅黄最大的魅力所在
中：头部独特的花纹难得一见
右：澄澈的头部，染红的双颊，富有美感的网纹，堪称稀世珍品

秋翠

　　品鉴"秋翠"的主要标准是，纵贯后头部至背部的蓝色花纹必须具有透明感。

　　秋翠相当于德系鲤当中的浅黄，因此两颊和体侧都点缀有红色的花纹。身体两侧和脊背部的鱼鳞排列整齐，富有美感，方为秋翠中的佳品。

左：头部的红色圆弧与体侧的两道红色花纹相互呼应，背部鳞片排列
　　整齐有序
右：纯白如雪的头部和蓝色鳞片是这尾秋翠的看点

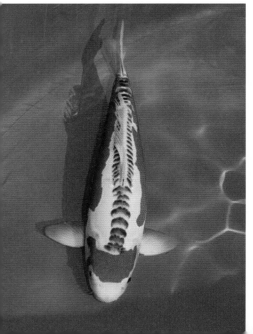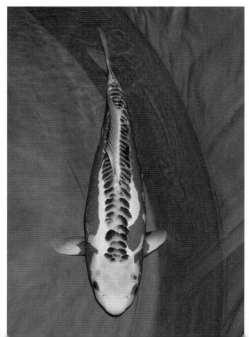

五色

最近，"五色"进化速度很快，常常给人们带来惊喜，也常常成为品评会"樱奖"的得主。五色锦鲤绯质的品评标准，与"红白"基本相同。有的五色绯质中带有墨色网纹花纹，有的则绯质中不带一点墨色，后者往往更符合现代人的审美趣味。

五色的底色具有很强的多样性，既有白底豆状墨色，也有白底网状墨色，甚至还有纯黑底色。红色花纹在网纹状底色上更显艳丽，不拘一格的花纹和对比鲜明的色彩，是五色的绝妙之处。

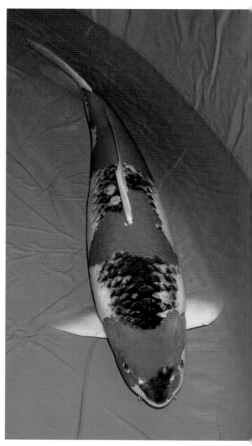

左：绯质中带有网状墨纹
右：三段纹的绯质不带一点墨斑，颇具现代美感

新颖奇特的花纹和强烈的色
彩对比，豆状墨斑更显清秀，
是难得的逸品

变种鲤

下面逐一介绍各种变种鲤。

"火鲤"和"黄鲤"都属于纯色鲤。"火鲤"色彩鲜艳，身体直至鳍尖通体火红者为最佳。"黄鲤"分为两种，一种是黑色眼睛的普通黄鲤，还有一种红色眼睛的白化黄鲤是十分珍稀的品种，平时难得一见。

"茶色鲤"和"空鲤"都是接近原生鲤的纯色锦鲤。茶色鲤，正如它的名字那样，全身茶褐色，色彩较深的接近浓巧克力色，浅的则接近淡灰色，非常多样化。优秀茶鲤的标准是，头部色泽纯净，浑身没有斑点。体长超过80厘米的茶鲤，带有威严从容的气度。

空鲤全身灰色，优秀的空鲤全身没有任何斑点，网状纹路清晰分明。

"芥子鲤"是新近出现的品种，深受爱好者们喜爱。芥子鲤基本可视作茶鲤与黄鲤的杂交品种。

乌鲤，即全身乌黑的锦鲤。乌鲤腹部有时会出现红色的花纹。乌鲤的品鉴标准主要是其黑色鳞片，光泽度越高，品质越好。

上文中介绍的各种纯色锦鲤，其最基本和最重要的品评标准就是——全身最没有任何斑纹。其次，体形是否完美也是鉴赏的重要标准之一。

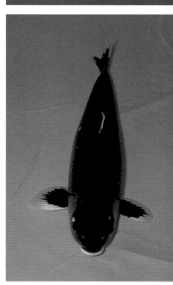

左上：芥子鲤全身褐黄，没有半点瑕疵，体形健壮完美

右上：连鳍尖都染上红色的火鲤价值不菲

左下：松川化，体表墨斑变化多端，颇有趣味

右下：乌鲤仿佛穿上了黑色天鹅绒外套

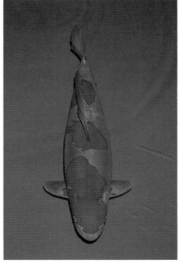

左上：红眼睛的白化黄鲤是难得一见的珍品

右上：红辉黑龙，比辉黑龙多了红色花纹，更显华美

左下：羽白，双鳍变白的乌鲤称为羽白

右下：德系落叶时雨，花纹的平衡感堪称完美

左上：落叶时雨，壮实
的骨格，脊背的花纹，
都无可挑剔

右上：茶鲤，体格健美，
色泽美丽

左下：辉黑龙，白金肌
底与墨黑色的鲜明对
比，韵味十足

右下：金辉黑龙，白金肌
底配上金色和墨色的花
纹，是难得一遇的珍品

等待接受筛选的当岁辉黑龙

　　"落叶时雨"是在空鲤的底色上配上褐色图案。它越是长大，越能彰显出其特有的古朴之美和力量之美。"落叶时雨"头部和腹部也长有花纹，花纹的形态各异。落叶时雨和茶鲤、空鲤以及芥子鲤，都属于食欲非常旺盛的锦鲤，成长速度极快。他们与人类十分亲近，因而受到人们喜爱。

　　"羽白"和"松川化"这两个品种的特点是，体表花纹会随着水质和季节的变化而变化。它们和白写锦鲤一样，只有黑白两色。不过，纯白底色上带有粗犷墨色花纹的优秀作品可遇而不可求，因而产量也极少。

　　据传，"辉黑龙"是九纹龙与白金光鲤交配而来的品种，特点是底色富有光泽。由于是新近开发的品种，因而品评会上通常将辉黑龙列入变种鲤。辉黑龙主要的看点在于白黑两色对比强烈，花纹奇妙脱俗。最近，还有生产者推动了带有红色花纹的"红辉黑龙"和带有金色花纹的"金辉黑龙"。

空鲤，网纹深邃而优美

A银鳞·B银鳞

　　通过人工交配，几乎所有锦鲤品种都有了相应的银鳞系列，最主要的品种是"钻石银鳞"。其中，肩部至尾部贯穿银色鳞片的银鳞最为高级。当然，银鳞系列必须保持各个品种原有的特点和韵味。

　　银鳞绚丽的光泽，不但衬托其该品种原有之美，更添几分华贵和典雅。

左：银鳞红白，错落有致的花纹在熠熠闪光的银鳞映衬下，更显明艳动人

右：银鳞昭和，昭和三色披上了银鳞，更添几分力量之美和华贵之美

左上：银鳞昭和，富态的体形，明快的红色花纹以及若隐若现的墨影极富有魅力

右上：银鳞红白，体形纤细秀逸，花纹和谐优雅

左下：银鳞三色，红色鳞片上的银鳞金光闪闪，白色鳞片上的银鳞熠熠生辉

右下：银鳞落叶时雨，结实健壮的体格更显古朴遒劲

左：银鳞浅黄，在浅黄特有的朴质中露出一丝华美

右：银鳞五色，富有平衡感的红色花纹和五色特有的网状花纹，配上
　　钻石般的银鳞，堪称稀世珍品

别甲锦鲤[6]

　　别甲锦鲤的代表作主要有"白别甲"和"红别甲"，特点是其肌底色彩与遒劲的墨色花纹形成的鲜明对比。白别甲白配黑，色彩简洁，只有纯白的肌底才能衬托出苍劲的墨纹。红别甲是红配墨，明快艳丽的红色和恰到好处的墨色是最主要的看点。

　　别甲锦鲤品位高雅，清新脱俗，韵味隽永。

　　此外，还有一种"黄别甲"，不过近年的品评会上已难得一见。

---

[6] 别甲锦鲤：箭羽纹是别甲最常见的花纹，在黄别甲等早期别甲身上尤为多见。自从带有大正三色血统的白别甲面世以来，别甲锦鲤的花纹也趋于多样化。

左：白别甲，豪放的墨色花纹应来自甚兵卫三色的血统

右：白别甲，墨纹匀称自然，与白色肌底相得益彰

左：黄别甲，难得一见的黄别甲精品，今天已是极为珍稀的品种

右：红别甲

光写锦鲤

凡是底色带有金属光泽的昭和三色和写鲤，都被统一称为"光写锦鲤"。光写锦鲤属于光鲤系列，全身光泽度是衡量品质优劣的一个标准。不过，光泽度的强弱与黑色素的浓淡往往此消彼长，因而难得能够见到光泽度和墨纹俱佳的光写锦鲤。

昭和三色的光鲤系列被称为"金昭和"，白写锦鲤的光鲤系被称为"银白写"（银白写鲤），黄写锦鲤的光鲤系则被称为"金黄写"。

银白写，全身银光闪闪，黑质和花纹的平衡感无懈可击，自然天成

左：金昭和，陶瓷般光泽的底色上，点缀鲜艳的金色和浓厚的墨色，
　十分珍贵
右：金黄写，金黄色的肌底纯净明亮，墨色苍劲有力

丹顶

　　头部顶着圆形红色花纹的锦鲤被统称为"丹顶"。丹顶头部的红色花纹必须轮廓清晰，且眼部、鼻尖、肩部均不能染上绯质。头部的红色圆形花纹并不必像圆规画出来的那样整齐归一，反而是那些稍有变化的丹顶更加自然，带有几分稚拙之美。

　　丹顶分为"丹顶红白""丹顶三色""丹顶昭和""丹顶五色"等。其中，带有墨色花纹者以花纹分布有致、构图均匀为佳。

左上：丹顶昭和，肩部墨纹入木三分，纯白色肌底有如凝脂，头部朱红丹顶鲜艳欲滴

右上：丹顶红白，纯白的底色上，红色丹顶形状完美

左下：丹顶五色，全身一袭黑袍，头部如同夜色中的一轮满月

右下：丹顶三色，厚重的墨纹恰到好处地点缀其间，清秀可人

衣锦鲤

鉴赏衣锦鲤，对绯质的要求基本可以参照红白锦鲤。

"蓝衣"的蓝色一般只出现在红色鳞片上，而不会出现在白色鳞片和头部。蓝衣花纹的蓝色应纯净无染，呈规则的网纹状。

除了蓝衣锦鲤之外，根据"衣"的颜色不同，分别有"葡

左：头顶小巧的红色圆形花纹，躯干部分图案分布均匀，蓝衣的蓝色
　　十分美丽。
右：葡萄衣，蓝衣的蓝色渐渐变浓，成为"葡萄衣"

左：墨衣，葡萄衣的蓝色再变深，就成了"墨衣"

右：蓝衣，若隐若现的淡蓝色蓝衣，预示着它拥有未来终成大器的潜质

萄衣"和"墨衣"。当蓝衣的蓝色变深，呈葡萄紫色时，就被
称为"葡萄衣"。当葡萄衣的蓝色变深，几乎接近墨黑色时，
就被称为"墨衣"。

德系锦鲤

德系锦鲤最大的魅力在于花纹切边极为分明，丝毫不拖泥
带水。由于德系锦鲤几乎没有鱼鳞，不会出现"插片"，因而
花纹的轮廓特别清楚，色泽非常鲜明。德系锦鲤一般仅脊背及
身体两侧各有一列鱼鳞，其他部位的鳞片则会影响观赏效果。

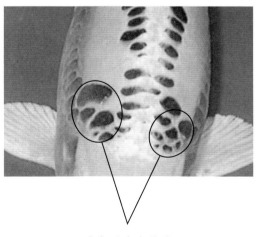

肩部的多余鳞片

左上：德系红白，德系锦鲤体表几乎不带鳞片，因此花纹切边干净利落，轮廓清晰

右上：德系三色，从肩部到腰部，墨纹分布恰到好处

左下：德系白写，带有淡青色的白底，明快清晰的漆黑色墨纹，是难得一遇的上佳之作

右下：德系白别甲，洁白无瑕的底色和干净利落的墨纹，搭配出绝妙的韵味

左：德系昭和，富有个性的绯质花纹和穿插其间的墨质，相得益彰
右：德系红白，头顶红色形状完美，体形健硕有力

德系锦鲤品种繁多,"德系红白""德系三色""德系昭和""德系白写", 等等, 不一而足, 它们都是各个品种与德系锦鲤的杂交品种。

德系锦鲤从侧面看也极为漂亮, 因此尤其适合养在水槽中观赏。

孔雀

"孔雀"是"银松叶"的底色配上金色花纹, 极为艳丽华美。头部色彩澄澈纯净, 全身布满金属光泽, 鳞片排列整齐, 花纹匀称平衡感强, 这样的孔雀堪称佳品。

红色花纹明显的孔雀被称为"红孔雀", 尤其受到爱好者们的追捧, 却极为难得。

左：整齐的网纹，头部的光泽以及鲜明的绯质，都是不可错过的看点
右：雪白无瑕的头部和流畅的桔红色图案，令人爱不释手

舒展的姿态和别具一格的
绯质是最完美的搭配

九龙纹

　　"九龙纹"最大的妙处在于——花纹变幻不定。九纹龙的花纹会随着水质和季节而变化。由于九龙纹也属于德鲤系，因此墨色花纹的切边非常清晰，其底色略带淡蓝。

　　带有红色花纹的黑白九纹龙，被称为"红九纹龙"，它不拘一格的配色令人啧啧称奇。

　　人各有所爱，锦鲤也各具个性，各有韵味。因此，锦鲤鉴赏有着无穷的乐趣。

　　在锦鲤成长的过程中，有时会变成主人期待的样子，有时则出人意表。这不正是饲养锦鲤的乐趣和妙不可言之处吗？

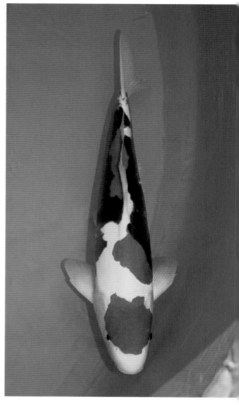

左：纯白的头部，恣意泼洒的墨色，真是名副其实的"九纹龙"

右：红九纹龙，带有红色花纹的九纹龙被称为"红九龙纹"，光彩照人

壮实有力的体形和富于变化的墨色花纹，魅力十足

九纹龙墨色会随水质、季节而变化

在日本园林的池塘里悠然游曳的锦鲤

第十章 锦鲤观赏池的日常管理

要使锦鲤保持健康的体质和美丽的外表，以下三点缺一不可。

首先是锦鲤与生俱来的血统和资质，其次是能够展现其先天资质的饲养环境，再次是对锦鲤的关爱和悉心照料。这三点互为依托，相辅相承。做到这三点，锦鲤一定会越变越美，越来越健康。

本章将主要介绍锦鲤的喂养、水质管理以及日常养护的注意点。

为观赏池中锦鲤的投饵

锦鲤属于杂食性动物，吃什么都津津有味。以前，有很多锦鲤玩家用面包屑和麦麸作为锦鲤的饵料，直到现在，公园的池塘边还能常常看到孩子们给锦鲤喂面包等。

随着锦鲤产业的发展，许多专业饲料制造商相继推出了锦鲤专用饲料。除了普通饲料，还有专门用于提色的饲料、加速成长的饲料，以及专用于低水温环境的饲料。

锦鲤体内并不能自然产生红、黄等色素，而是通过吸收饲料中的色素，在体内合成并沉积于表皮下方，方能形成漂亮的花纹。

配合活性菌的提色饲料

特级提色饲料

　　"提色饲料"可以使锦鲤的红色花纹更加艳丽，其中含有虾青素和玉米黄素，可有效提升红色的品质。锦鲤吃了这种饲料，其体表红色花纹可在2~3个月内变得更加鲜艳。"提色饲料"非常适合在水温较高的夏季大量投放。当秋天来临时，饲料的增色效果充分显现，锦鲤变得更加光彩照人。

　　需要注意的是，过量投放提色饲料，锦鲤的纯白底色也会变黄。这时，只需暂时换成普通饲料即可还原本来的纯白色。

　　还有一些厂家研发了高蛋白、高脂肪饵料，可以加快锦鲤的生长速度。这种饲料一般也以夏季水温较高时投喂为宜。

　　当冬季水温较低时，低蛋白、低脂肪的健康饵料更有利于锦鲤的健康，其中配合了小麦胚芽等成分，即使在低水温环境也能被充分消化吸收，帮助锦鲤度过冬季的调整期。

真空冷冻干燥的
锦鲤饲料

提色用锦鲤饲料

提色用锦鲤饲料

最近，还有厂家推出了能够提升白色底色的新型饲料，实际使用效果相当不错。

据悉，有的饵料还能使墨质花纹变得更加浓厚，但是目前为止尚未实现批量生产。

此外，锦鲤是杂食性鱼类，卷心菜、白菜和西瓜等蔬菜水果也是它爱吃的食品，可以作为副食适量投放。

可以说，每种饲料都有其特有的功效。锦鲤爱好者们可以在实践中不断总结，合理搭配和投放饲料，提升锦鲤的品质。科学喂养锦鲤，既是一门学问，也是一种乐趣。

市面销售的饲料包装上都印有详细的使用方法等，饲养时可参照说明适当选用。关于饵料的投放量，需根据锦鲤的身体状况、水温、水质、水池大小、锦鲤体型大小和池中锦鲤的数

含薯类、胚芽的锦鲤饲料　　　　含虫蛹的锦鲤饲料

量而定，很难一概而论。一般而言，如锦鲤能在10~15分钟内吃完，则说明饵料的量基本适中。

锦鲤没有胃，无处存放吃进的食物。如果投放过量的饵料，锦鲤或吃不完剩下造成浪费，或勉强吃完引起消化不良。

关于投喂饵料的次数，当水温较高时，每天分多次投喂，做到少食多餐为宜。但是，一般锦鲤爱好者因为各种原因无法做到，那么分早晚两次喂食也足够了。

如果希望锦鲤长得快一些，可以使用市场上销售的带定时功能的自动投饵机。这种自动投饵机可预先设定好投饵开始时间、结束时间和投饵次数等。当全家人一起外出时，自动投饵机就能帮上大忙。

自动投饵机

冬眠与春季喂养

　　锦鲤属于变温动物。水温高时，游动活跃，食欲旺盛；水温降低时，游动就会变慢。当水温低于5℃时，锦鲤便沉在池底，一动不动，进入冬眠状态。当水温在10~15℃之间时，可少量投放易消化的低水温饵料。如果水温低于10℃，则需观察锦鲤游动的状况和进食情况，每天投饵一次即可。当水温低于

冬眠的锦鲤

5℃，锦鲤完全停止进食。

经历了一个冬天的断食，锦鲤内脏的消化功能基本处于停止状态。当度过越冬期，进入春季以后，水温渐渐升高，可以逐渐开始恢复喂食。此时，如果喂养不当，极易造成意想不到的严重后果，须多加小心。当水温超过10℃时，可数日投放一次易消化的低水温专用饵料，等水温超过15℃，就可以慢慢增加喂饵的次数了。

观赏池的水质管理

锦鲤是水生动物，为了保持鱼儿健康，加强水质管理并维持好其生存环境至关重要。

如果没有特殊情况，一般都使用净化装置对观赏池的池水进行净化。这些水质净化装置，同样需要日常维护和清洁。水质净化器，每隔数日就需要清洁一次过滤网。强制过滤机和净化槽的滤材也应定期清洗。

净化槽中生成的好氧细菌[1]，与锦鲤排泄物中的氨气和亚硝酸等发生硝化反应，可有效分解有害物质，产生无害的

---

[1] 好氧细菌：本书将细菌分为需消耗氧气的"好氧细菌"和不需要氧气的"厌氧细菌"。其中，好氧细菌对于净化水质十分有效。就像它的名字一样，好氧细菌需消耗氧气。因此，为保持细菌的正常生存和繁殖，需对池水进行曝气处理。

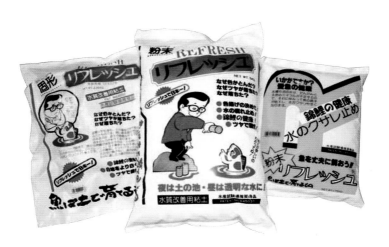

以蒙脱石为主要成分的水质改良剂

硝酸盐。

　　净化槽内的好氧细菌发生硝化反应，需消耗大量氧气。换言之，只有水中含有充足的氧气时，硝化作用才能顺利进行。当净化槽内残留污物过多，阻碍氧气进入滤材内部时，就会有大量厌氧微生物衍生，导致水质恶化。为保持水质清洁，需定期清洁净化槽。

　　锦鲤排出的粪便等氨化物，通过好氧微生物的硝化作用，分解为亚硝酸盐和无害的亚硝酸。为了及时稀释水中的硝酸盐，需注入新水。每天注入新水的水量为水池总水量的5~10%为宜。

净化槽

净化系统设有沉淀槽的，杂质向下沉淀在底部，当注入一定量的新水时，等量的底水就会连同杂质一起从排水管[2]中自动排出。

一般杂质的大于水，容易沉积在排水管中。每隔一两天，需拔出排水管，强制排空其中沉淀的污物。排出管中污物以后，必须将水管竖直安装恢复原位，并仔细察看是否漏水。稍有不慎，则会导致不易察觉的漏水。更糟糕的是，如拔掉排水管后忘记重新装回，会导致一整池的水统统排干。因此，在设

---

[2] 排水管：一般安装在沉淀槽中，用于排出底水，俗称"竖管"。

计观赏池时，就应该事先考虑如何在结构上加以防范，保证拔掉排水管时也不会漏水，以免意外发生。

用自来水饲养锦鲤时，要特别注意漂白粉[3]（残留氯气）可能对锦鲤产生的危害。少量的氯气，接触空气以后会自然消失。当短时间内向锦鲤池中注入大量自来水时，需先用大苏打（海波）中和，再注入池中。

日常管理最为重要

锦鲤的日常管理，最重要的是细心观察和悉心照料。锦鲤不会说话，肚子饿了，长了寄生虫，都无法用语言表达。不过，我们可以通过他们游动的姿态，知道是否需要投饵、是否生了寄生虫，了解他们的健康状况以及水质是否恶化、是否缺氧等状况。养鱼人只要用心观察，就一定能感知自己心爱的锦鲤的健康状况。

通过对锦鲤的关爱和细致的观察，饲养者能够准确把握锦鲤的状态，从而及时采取相应的对策。全日本锦鲤振兴会的部

---

[3] 漂白粉：自来水处理过程中，一般使用含氯的漂白粉进行消毒。从水龙头刚刚放出的自来水当中含有残留氯气，一般不影响人们饮用。但是对锦鲤的生长有一定的危害，有时甚至还是致命性的。

分会员拥有"锦鲤饲养士[4]"资格。他们定期参加各种专业培训，在锦鲤日常管理和鱼病防治方面都有着十分专业的知识和丰富的经验，可以为锦鲤爱好者提供咨询服务。

---

[4] 锦鲤饲养士：由全日本锦鲤振兴会认定职业资格。参加该会定期举办的讲座，熟悉锦鲤的生理结构、形态，了解锦鲤生产的历史，掌握锦鲤日常管理和鱼病防治等知识，并拥有五年以上锦鲤生产、销售相关经验的会员，才能获得锦鲤饲养士的资格。

第十一章
锦鲤的疾病防治和应对

　　和陆生动物一样，锦鲤也会罹患各种疾病。不过，水生动物的疾病症状、防治方法都与陆生动物有很大不同。

　　当然，如果管养得当，锦鲤一般不会生病。

　　当饲养环境恶化、处置不当，锦鲤的免疫力就会下降。此时，一旦有病原体趁虚而入，就会导致锦鲤发病。

　　本章将以文字配以图片的形式，介绍三方面的知识。首先，为读者们说明锦鲤的身体结构，这是判断鱼病的基础知识。其次，介绍用于预防和诊断鱼病的预备知识，如锦鲤的生理特征和生态习性、入池前的注意事项，以及日常管理的要点。最后，介绍锦鲤可能罹患的主要疾病及其处置方法。

锦鲤的身体结构及各部位名称

　　下图是锦鲤的外形[1]和内脏器官的剖面图。当锦鲤出现病

---

[1] 从鱼类形态学的定义来看，鱼的"体长"是指从嘴部前端至尾鳍根部的长度，并不

情，向鱼病防治机构和锦鲤生产者求助时，须准确描述"鲤鱼身体的哪个部位出现了怎样的症状"。这样做的目的是帮助对方判断病情轻重，诊断病因，从而尽快采取措施。

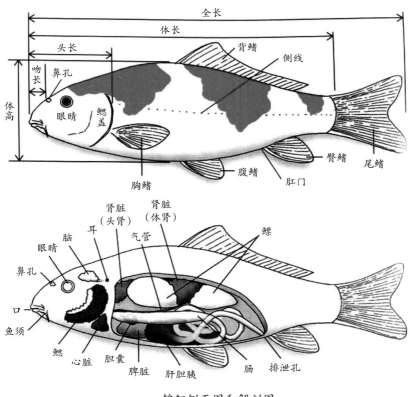

锦鲤侧面图和解剖图

包括尾鳍的长度。但是，普通人们在测量"体长"时，常常包括尾鳍的长度，其准确的说法应该是"全长"。

锦鲤的生理特征与生活习性

为预防鱼病，要了解锦鲤的生理特征和生活习性，特别是适宜水温、需氧量和体表黏膜情况。此外，对产卵期亲鲤的生理特征和生活习性也要具备一定的知识。

锦鲤和绝大多数的鱼类一样，属于冷血动物，体温随水温的高低而变化。水温的变化影响锦鲤的食欲和消化功能。锦鲤对环境的适应性很强，能够在低至0℃、高至35℃的各种水温条件下生存，温差可达35℃。

锦鲤靠鳃呼吸，鳃是鱼类特有的器官。空气中的含氧量一般为20%，淡水中的含氧量则随水温而变化。当水温为20℃时，水中的氧饱和浓度仅为6%。随着水温升高，含氧量还会进一步降低。此外，当水质恶化，细菌等微生物数量就会增加，它们的耗氧量甚至超过锦鲤。这就意味着，锦鲤时常面临缺氧的风险。

包括锦鲤在内的所有淡水鱼，身体表面和鳃部都有一层黏滑的黏膜保护着。鱼类体液中的盐分浓度高于水，这层黏膜的作用是阻止体外的水渗入体内（调整渗透压），防止病原体入侵。当锦鲤健康状态不佳、水质恶化或体表受伤时，体表的黏膜就会变薄甚至剥落，外部的液体和病原体便可长驱直入。

春夏之交，通常是锦鲤的产卵季节。早在前一年秋天，锦鲤的身体就开始产生一系列变化，为第二年产卵做好准备。随着冬季结束，春季来临，日照时间变长，一度下降的水温开始慢慢升高，锦鲤也逐渐发育成熟。当产卵期临近，锦鲤的亲鱼变得神经过敏，亢奋不安，对疾病的抵抗力也会降低，因此这一时期需要特别关注锦鲤的变化。

特别是产卵期结束后，亲鱼体力下降，特别容易生病。应当及时将它们转移到较为舒适的环境当中，帮助其尽快恢复体力。

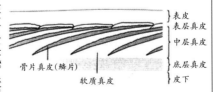

皮肤结构与色素结胞

表皮：位于最上层的黏膜层，分泌黏液，十分黏滑。黏膜层能够防止病原体入侵，调节体温变化，缓冲外部物理冲击，同时也是锦鱼健康状态的风向标。

表层真皮：指肉眼可以看到的真皮层露出部分。鳞片表面附着石灰质层，色素细胞容易在这里生成。表层真皮的营养物质主要来自中层真皮的软质部分。

中层真皮：由鳞片的"骨质部分"和包裹在骨质外部的"软质部分"构成。骨质部分本身透明而接近无色，鳞片薄而有弹性，较为坚硬。软质部分柔软而有韧性，十分光滑，像袋子一样包裹着鳞片。与表层真皮一样，这里也是色素细胞易于生成的部位，越接近体表，越容易产生色素。

底层真皮：非常强韧，有一定的厚度，其表面、组织内部及底部都可见零星色素细胞。

皮下：介于底层真皮和肌肉之间，含有黑色素及鸟嘌呤。

对于要配对的锦鲤，雌雄比例一般以 1:2 为宜

锦鲤入池前的疾病预防措施

如果鱼的健康状况良好，在锦鲤入池时，只需将水池温度调节到与之前锦鲤所处水体的温度基本相当即可。如果锦鲤体表受伤，则有可能将病原体带入池中，不但受伤锦鲤的病情会加重，而且还可能传染给其他锦鲤。因此，锦鲤入池前务必要仔细观察，确认其体表有无异常。

一旦发现锦鲤有任何异常或不安情绪，必须采取预防措施。具体做法是：将适量的杀虫剂和抗菌剂溶解到浓度为0.6%

的盐水中，在通风良好的环境下，将锦鲤放入其中，进行2~6小时药浴。

采取了预防措施，并不意味着万事大吉，也不能完全防止锦鲤患病。将锦鲤放入池中以后，每天仍然需注意观察。

此外，药浴不能有效预防病毒性疾病，必须由专业机构检测锦鲤是否携带病毒。

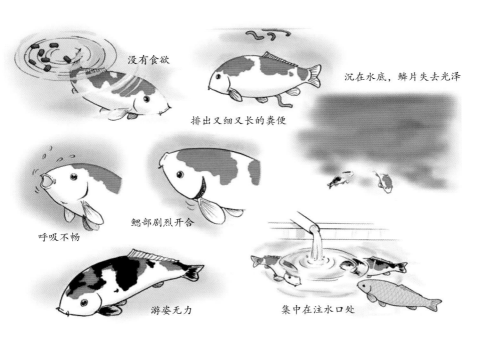

没有食欲

排出又细又长的粪便

沉在水底，鳞片失去光泽

呼吸不畅

鳃部剧烈开合

游姿无力

集中在注水口处

鱼病的症状（1）

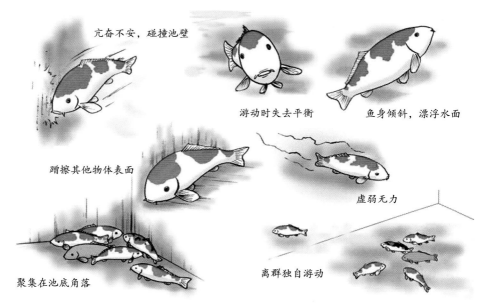

亢奋不安，碰撞池壁

游动时失去平衡

鱼身倾斜，漂浮水面

蹭擦其他物体表面

虚弱无力

聚集在池底角落

离群独自游动

鱼病的症状（2）

日常观察的要点

　　防治锦鲤疾病，最基本的原则就是早发现、早治疗。最好的方法当然莫过于每天仔细检查锦鲤的健康状况和养殖水的水质。如果条件有限，无法每天仔细查看，可适当简化，仅对要点进行检查：

　　1. 锦鲤的游姿是否正常？

　　锦鲤游动姿势的异常往往暗示着疾病类型及发病原因。

2. 锦鲤体表是否有异常的颜色或其他异常？

不少疾病发作时，鱼的体表和鱼鳍均出现异常。

3. 水温大约多少度？

水温的高低与疾病的类型及病情轻重相关。

4. 养殖水是否浑浊或出现泡沫？

锦鲤生病时，会出现不进食、呕吐、腹泻及体表黏液分泌过多甚至鳞片剥落等情况，这些都会引起水质异常。

鱼病的类型与防治

本节主要介绍如何通过日常观察及时发现鱼病，了解鱼病的病因、症状及治疗方法。

治疗鱼病时使用各种药剂，必须准确掌握投药的剂量，一旦处方有误，就有可能造成不可挽回的损失。

其中，部分药物需依据相关法律规定使用。确定鱼病处方时，应尽可能向锦鲤生产销售者、水产试验研究机构中有"锦鲤饲养士"资格的人士及鱼病防治专业诊疗所进行咨询，严格按照专业人士的建议采取应对措施。

寄生虫引起的疾病——肉眼可观察到的疾病

以下各种寄生虫病，都可以通过观察水中锦鲤出现的症状推断其病因。

鱼鲺病

原因：体长3~9mm大小的圆形扁平状鱼鲺寄生在鱼的体表，引起鱼鲺病。寄生部位可遍及鱼的全身，尤其是鳍根部，以及体型较大的鱼的口腔内部。

症状：鱼鲺通过吸盘吸附在鱼的体表，用嘴部的长针吸取锦鲤的体液和血液，并向锦鲤体内注入毒液。患病的锦鲤为了甩掉鱼鲺，会竭力挣扎，不停从水中跃起，或蹭擦池壁和池底。

留心观察锦鲤体表，就能发现半透明的圆形鱼鲺，它长有两只小黑眼，身体中心有细长的黑点。有时，还能看到水中游动的鱼鲺。水中寄生大量鱼鲺时，锦鲤失去食欲，鱼体消瘦，游动缓慢。

治疗：如受鱼鲺所累的锦鲤数量较少，可将鱼捞出放入小水槽中，进行麻醉后，用镊子直接去除所有鱼鲺，在寄生部位涂上抗菌剂或进行药浴，防止细菌侵入产生二次感染。

如果要对整池锦鲤进行治疗，为方便起见，可将适量的杀虫剂溶解到池水中，每隔两、三周对池中的锦鲤进行一次杀

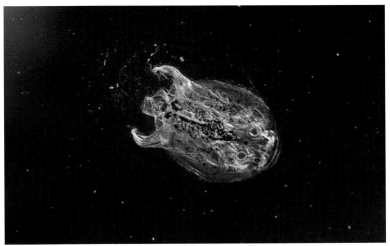

上：寄生鱼鲺

下：鱼鲺

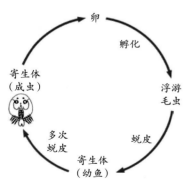

上：寄生在锦鲤身上的鱼鲺

下：鱼鲺生命周期

菌，连续处理三次即可。

防止复发：杀虫剂可有效杀死鱼鲺的亲虫和幼虫，但并不能完全清除池壁上的虫卵。即便除去了锦鲤体表的鱼鲺，残留的虫卵还会再次引起复发。虫卵孵化一般需要20天。因此，可将锦鲤暂时移出水池，对水池进行全面消毒或反复投放杀虫剂，阻止刚刚孵化的幼虫存活，以防止复发。

锚头蚤病

原因：锚头蚤常寄生在锦鲤鳞片之间，偶见于鳍部、口腔或鳃部。

症状：可见3~11mm棒状的虫体。寄生部位发生炎症，常引起充血或红肿。鲤鱼躁动不安，在池壁或池底摩擦身体。锚头蚤用头部锚状勾刺插入鱼体肌肉，很难去除。当锚头蚤寄生在口腔和鳃部时，由于难以及时发现和治疗，锦鲤很容易出现衰竭和呼吸困难等症状。

治疗：当病鱼较少时，可以将其放入小水槽中，麻醉后用镊子将虫子连头拔出，在寄生部位涂上抗菌素或进行药浴，防止二次感染。

如果要对整池锦鲤进行治疗，则可反复向水中洒入一定浓度的杀虫剂，直至锚头蚤成虫消失为止。此外，为了防止寄生部位的炎症发生二次感染，可对锦鲤进行药浴。

防止复发：杀虫剂只能杀死刚刚从虫卵中孵化出来的幼虫，并不能有效杀死寄生在鱼体身上的成虫和雌虫所带的虫卵（雌虫身上带有两个卵囊）。因此，需反复多次投放杀虫剂消灭幼虫，同时等待亲虫自然死亡，才能彻底防止复发。

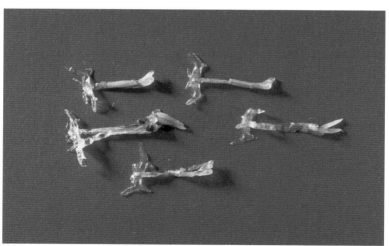

上：寄生锚头鳋
下：锚头鳋

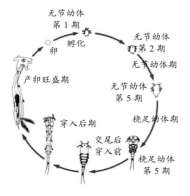

上：去除锚头鳋

下：锚头鳋生命周期

当水温超过15℃时，锚头鳋繁殖能力变强，一旦发现，必须立即清除。

白点病

原因：白点虫寄生在锦鲤体表、鳍和鳃部，肉眼很难发现。感染初期，锦鲤头部、胸鳍部可见芝麻粒大小的白色斑点，因而被称为"白点病"。

采集锦鲤体表的黏液及附着其中的白点虫，在40倍显微镜下观察，即可看到虫体。

症状：感染初期，锦鲤会贴着池壁和池底摩擦身体。随着症状加重，锦鲤为驱除虫体而分泌更多黏液，此时寄生部位可见白色混浊黏液。用手触摸鲤鱼体表，感觉十分粗糙。此外，还伴有食欲下降、消瘦、活动迟缓等症状。

有白点虫大量寄生时，锦鲤全身如同覆盖一层白膜，体表黏膜剥落，肌底裸露，呈红色。

锦鲤罹患白点病，体表和鳍部出现肉眼可见的白点时，尤其要注意检查其鳃部是否有白点虫寄生。鳃部寄生少量白点虫时，症状并不明显，当大量寄生时，鳃部则覆盖大量乳白色黏液。此时，锦鲤呼吸困难，游动缓慢，集中浮游在注水口处，全身无力，严重的可因缺氧而死亡。

治疗：白点病恶化以后，锦鲤体力受损严重，难以治疗，必须及早发现，及早治疗。

白点虫主要寄生在鲤鱼表皮和黏膜层之间，以及细胞组织与黏膜层之间，因此杀虫剂的治疗效果并不明显。

如有加温设备，可将池中水温升高到28~30℃，直至锦鲤

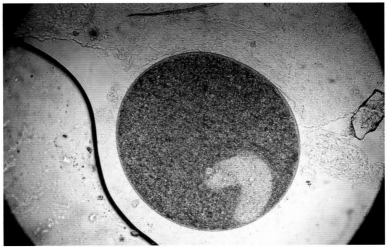

上：寄生在鳃部的白点虫

下：白点虫放大图

身上的白点消失为止。如无法对池水加温，则可在水中加入食盐，将锦鲤放入浓度为1%的盐水中浸泡，每天一小时，连续浸泡三天。

防止复发：当有白点病发作，即使锦鲤体表的白点虫被清除干净了，池底残留的虫卵仍然会产生成百上千的幼虫，这些幼虫再次寄生到锦鲤身上，会导致白点病反复发生。因此，杀虫剂消毒处理后，并不能掉以轻心，不可立即将锦鲤重新放入池中。

杀虫剂无法清除虫卵，但可有效杀死虫卵产生的幼虫。如果幼虫找不到宿主，就会在一天之内死亡。因此，杀虫以后，只要几天之内不重新放入锦鲤，就能防止白点病复发。

白点虫的繁殖温度为5~25℃，繁殖最佳温度为14~18℃，属于水温较低时容易发作的鱼病。

寄生虫引起的疫病——用显微镜观察到的鱼病

寄生虫还会引起以下鱼病，但是这些寄生虫只有通过显微镜才能观察到。

车轮虫病

病因：车轮虫直径约0.07毫米，呈圆盘状。当车轮虫寄生在鲤鱼体表、鳍部和鱼鳃时，就会引起车轮虫病。用40~100倍的显微镜观察，可以看到旋转活动的虫体。

症状：车轮虫病一年四季均可发病，多见于水温较低时。发病初期，即使有大量车轮虫寄生在鱼体，也并不出现明显症状。但是，随着病情加重，成虫大量寄生，鱼的体表会分泌出过多的黏液，出现絮状斑点，导致锦鲤黏膜剥落，体表变得粗糙红肿。患车轮虫病的鲤鱼常常在池壁和池底擦蹭身体，并伴有食欲不振、消瘦、游动缓慢等症状。

此时，要特别注意检查鱼的鳃部是否大量寄生车轮虫，如鳃部分泌大量黏液，则会引起呼吸困难，全身无力的症状，以至于难以存活。

当岁的小锦鲤最容易受到车轮虫的侵袭。二年以上锦鲤患车轮虫病时，症状一般较轻微。此外，车轮虫还常常与其他寄生虫混合寄生在鱼体。

治疗：在症状加重之前，可在水中加入食盐或杀虫剂消杀。

防止复发：彻底清除寄生在鱼体上分裂繁殖的车轮虫一般就能防止复发。但是，换水和换鱼时容易带入新的虫体，因此，要注意对新入池的水和鱼进行消毒。

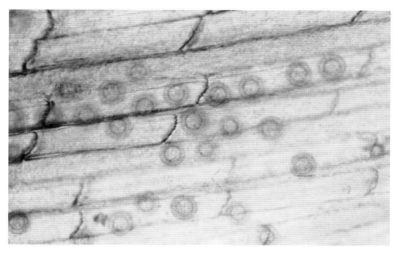

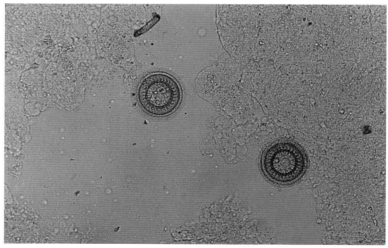

上：寄生在尾鳍处的车轮虫

下：车轮虫

斜管虫病

病因：斜管虫体长约0.03~0.08毫米，呈圆形硬币状。当斜管虫寄生在锦鲤体表、鳍部或鳃部时，就会引起斜管虫病。在40~100倍的显微镜下，可见蠕动和旋转运动的虫体。

症状：多发于20℃以下的低水温环境。与车轮虫病症状十分相似，当锦鲤身上大量寄生斜管虫时，体表出现絮状斑点，黏膜剥落，体表充血红肿。此外，还会出现食欲下降、消瘦、游动迟缓等症状。

斜管虫常常寄生在鱼鳃部，病情加重时，鳃部分泌大量黏液，鲤鱼呼吸困难，集中在注水口处，全身无力，随水流浮游在排水口，甚至死亡。

斜管虫病易爆发于冬末春初，会造成锦鲤大面积死亡。此外，斜管虫还常常与车轮虫等其他寄生虫混合寄生。

治疗：必须在症状初起时，将锦鲤放入盐水或稀释的除虫剂当中，进行盐浴和药浴。

防止复发：通常水温为5~10℃时是斜管虫最适宜分裂繁殖的时期。斜管虫的虫卵繁殖情况尚不清楚，其产下的虫卵可长期生存，并无特别应对之策。和防治车轮虫病一样，锦鲤入池前的消毒、越冬之前提高锦鲤免疫能力、彻底杀虫等都是防止斜管虫病复发的主要方法。

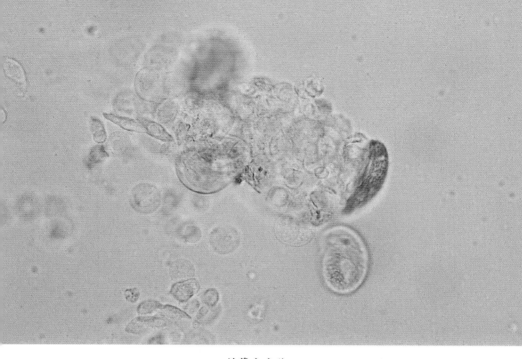

斜管虫虫体

口丝虫病

病因：在200~400倍的显微镜下，口丝虫呈椭圆形或蚕豆形，身体扁平，长约0.003~0.015毫米，宽约0.002~0.013毫米，头部长有两根鞭毛，虫体不停快速转动。口丝虫常常寄生在锦鲤体表和鳃部，引起口丝虫病。

症状：口丝虫病常见于低水温期，也会发生于夏季高水温期，10~20℃是适宜口丝虫繁殖的水温。口丝虫病的症状与车轮虫病、斜管虫病十分相似，常与这两种寄生虫混合寄生。

锦鲤体表大量寄生口丝虫，会出现雾状白斑，或充血变红。此时，锦鲤食欲减退，动作迟缓，直至死亡。鳃部寄生大量口丝虫时，受侵袭部位大量分泌黏液，锦鲤会因呼吸困难而死亡。

冬末春初，锦鲤体质下降。当环境恶化、锦鲤营养不良，或因其他寄生虫病而免疫力低下时易患口丝虫病。健康状态较好的锦鲤则一般很少感染此病。

治疗：在症状较轻微时，对锦鲤施以盐水浴，或用稀释的杀虫剂进行药浴。由于口丝虫常与车轮虫、斜管虫混合寄生，因而治疗方法与上述两种寄生虫病也基本相同。

防止复发：在锦鲤入池前对水池进行彻底消毒，在越冬之前增强锦鲤体力，采取相关措施防止因环境恶化和营养不良而导致锦鲤免疫力下降，这些都是防止口丝虫病复发的有效方法。

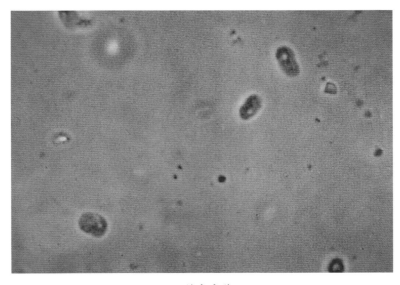

口丝虫虫体

钟形虫病

病因：钟形虫旧称"吊钟虫"。钟形虫附着在锦鲤体表，并不摄取鲤鱼体内的营养。随着钟形虫孳生，锦鲤体表寄生部位的溃疡面积不断扩大，对鲤鱼造成损伤。钟形虫体长约0.4毫米，呈圆筒状，可伸缩，身体带有一细长柄，尖端可插入锦鲤体内而附着在锦鲤体表。在40倍的显微镜下可观察到钟形虫。

症状：除了冬末春初以外，各年龄段的锦鲤在其他几个季节也都可能受到钟形虫的侵袭。当水温超过20℃，钟形虫病就特别容易爆发。钟形虫病的初期症状是锦鲤体表出现一

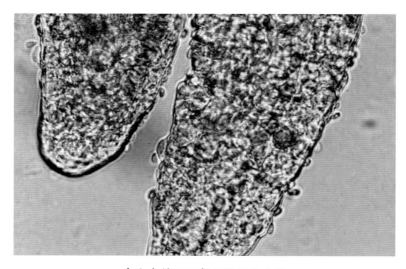

寄生在锦鲤鳃部的钟形虫虫体

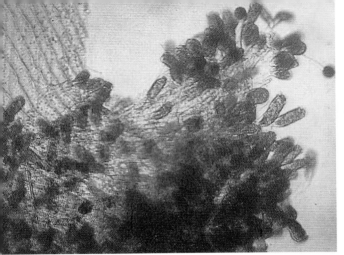

左：钟形虫虫体
右：患钟形虫病的锦鲤

处或多处米粒大小的向外增生的白斑。随着向外膨出的白斑面积变大，慢慢变成黄色溃疡，皮肤开始充血变红。当患部不断扩大，鱼鳞出现立鳞甚至脱落的现象。鱼的体表溃烂，肌底裸露。

　　锦鲤患钟形虫病后，会在池壁或池底擦蹭身体。随着症状加重，锦鲤出现食欲不振，游动缓慢的情况。溃疡部位极易引起细菌和水霉病二次感染。症状严重时，死鱼现象时有发生。

　　治疗：出现初期症状时，用稀释的盐水或杀虫剂，对锦鲤进行盐水浴或药浴，杀死钟形虫。但是，当体表出现溃疡时，除了杀灭寄生虫，还需用杀菌药进行药浴或经口投药。

　　防止复发：钟形虫主要生活在水质不佳的水池中。在锦鲤入池前，对水池消毒，保持良好的水质，就能防止钟形虫病发生。

指环虫病和三代虫病

病因：指环虫属于吸虫纲（体长约0.8~1.2毫米），当它和三代虫（体长约0.3~0.6毫米）共同大量寄生于锦鲤体表、鳍部和鳃部时，就会引起指环虫并发三代虫病。指环虫多寄生于锦鲤鳃部，三代虫则寄生于体表、鳍部和鳃部。两种寄生虫都通过身体尾部的钩状体附着在鲤鱼身上，吸食锦鲤的黏液和细胞，产下幼虫繁殖。在40倍的显微镜下，可观察到可伸缩的蛭状虫体。

症状：各年龄段的锦鲤每个季节都可能受到指环虫和三代虫侵袭。指环虫病多发于春季至夏季的高水温期，三代虫则多发于秋季至春季的低水温期，且常常与其他寄生虫混合寄生。

当指环虫或三代虫寄生在锦鲤鳃部时，患部分泌大量黏液，鳃部受损，引起失血或贫血，出现雾状白斑。当虫体大量寄生时，锦鲤因鳃部过多分泌黏液而导致呼吸困难，皮肤充血，体表可见灰色白斑，甚至出现黏膜剥落。

治疗：主要在症状初起时，用一定浓度的杀虫剂进行药浴，杀死寄生的虫体。如与车轮虫、口丝虫混合寄生，则需使用对几种寄生虫均有效的杀虫剂进行处置。此外，在高水温季节，可能并发烂鳍烂尾病，这时还应经口投用抗菌剂或使用抗菌剂进行药浴。

防止复发：池中或锦鲤体表残留的少数虫体仍极有可能造成反复发作。当环境突变时，寄生虫数量可能呈爆发式增长。

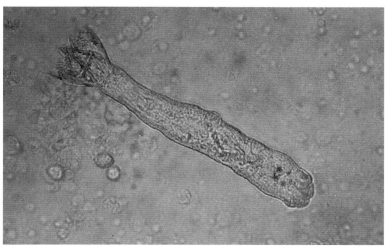

上：寄生在鳃部的指环虫虫体

下：指环虫虫体

因此，必须反复多次杀虫，直至在显微镜下看不到鱼的体表或鳃部有虫体寄生为止。

真菌（霉菌）引起的鱼病——白毛病

病因：锦鲤罹患白毛病的主要原因是水霉属水霉菌附着在锦鲤体表或鱼鳍上繁殖，鱼体如同覆盖一层白色絮状物。

症状：白毛病常发生在水温低于20℃时，尤其是10~15℃时最为常见。病鲤体表多处附着棉絮状水霉菌，如同周身生长一层白毛，所以被称为"白毛病"。症状恶化时，锦鲤体表被水霉菌感染的面积扩大，病鱼肌体组织坏死，消瘦衰弱，甚至死亡。

治疗：如病鱼数量较少，症状较轻，可将病鱼取出，麻

患白毛病的锦鲤

醉后清除患部水霉菌，涂抹防霉剂或抗菌素，防止复发和二次感染。

当病鱼数量较多时，可同时并用盐水浴、防霉剂和抗菌药。但是，当症状加重，水霉菌的菌丝深度侵袭锦鲤肌体组织内部时，上述方法灭菌效果不佳。此时，如配备有加温设备，则可将池水升温至25℃左右，并保持水温不变，直至水霉菌完全消失。

细菌性鱼病——烂鳍烂鳃病

病因：烂鳍烂鳃病主要病因是感染柱状黄杆菌。根据病灶部位不同，可分为"烂鳃病""烂嘴病""烂鳍病"等。400倍左右的显微镜下可观察到病源菌。

症状：常见于水温高于20℃的高温期。

烂鳃病在感染初期，并无异常症状，因而很难及时发现。随着症状加重，病鲤出现食欲不振、游动变缓的现象，进而在水流较缓的区域或注水口处漂浮不动，或侧躺或狂躁不安，并很快死亡。

治疗烂鳃病的关键是及早发现。当锦鲤的活动出现异常时，须立即将其从池中取出，翻开鳃盖观察。烂鳃病的初期症状是，鳃部边缘部分呈灰白色，或出现小粒黄白色附着物，黏液分泌增多。

症状加重时，鳃部呈暗红色甚至出血。然后，鳃部色泽斑

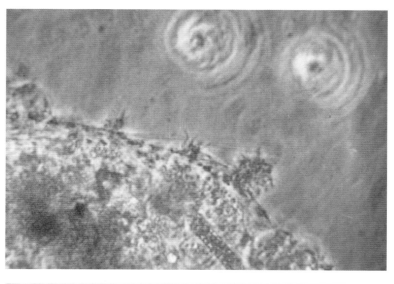

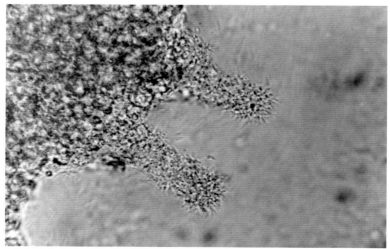

黄杆菌菌群

驳发白，部分呈灰白色或黄色，组织残缺不全或腐烂。

　　烂嘴病的症状是鱼嘴四周红肿发炎，部分呈黄色。与烂鳃病相比，烂嘴病相对能够较早发现。但是，如不能及时发现会导致症状加重，鱼嘴尖部转为黄色或灰白色，呈腐烂状，病鲤无法进食，身体衰竭而死亡。

　　烂鳍病初期症状是鳍部边缘变白，如同洇开的水彩。随着病情加重，鳍部黏膜剥落，仅剩扫帚状鱼骨，最后鱼鳍因腐烂而残缺不全。

　　当病鲤在池壁蹭擦身体，体表受到损伤时，细菌容易在伤

上：柱状黄杆菌引起的锦鲤烂鳍病
下：烂鳃病初期症状

口处繁殖增生，会累及全身，引起全身多处白色黏液剥落。

治疗：水温越高，烂鳍烂鳃病的病情加重得越快，须早发现、早治疗。要在鱼病感染初期，尚能进食时，趁早进行盐水浴，同时用抗菌素进行药浴或经口投用抗菌素。

当病鱼无法进食时，就只能采用盐水浴或抗菌素进行药浴。但是，鱼鳃是不可再生器官，一旦受损，将很难恢复原状。病情加重后，病鱼因缺氧而变得虚弱。为此，必须趁病情初起及时治疗。

防止复发：柱状黄杆菌属于常在菌，很难根除。健康锦鲤一般不易感染。但是，如不慎将感染病菌的病鲤带入池中，菌群会因环境发生变化而呈爆发式增长，感染扩大的风险随即升高。因此，将新的锦鲤放入水池之前，必须对其进行消毒。时刻保持鲤群的健康状态，就能防止烂鳃烂鳍病复发。

运动性溃疡病

运动性溃疡是因嗜水气单胞菌感染而引起的鱼病。当这种疾病发生在锦鲤身上时，又被称为赤斑病或竖鳞病（松球病）。

症状：运动性溃疡病一年四季均可能发生，特别易发于秋季冬季和初春等低水温期，以及水温发生变化和环境恶化时。

赤斑病的初期症状是病鱼体表和鱼鳍局部变色发白，随后可见鱼鳞及皮下出血（红斑），患部鱼鳞竖起。病鲤还会出现食欲不振、眼球突出、腹部膨起等症状。随着病情加重，腹部发生溃疡，鱼鳞和表皮脱落，直至死亡。

竖鳞病的特点是鳞片基部的鳞囊水肿，引起体表局部甚至全身鱼鳞倒立。发生竖鳞病的病鱼患部常伴有出血红肿，食欲不振、眼球突出、腹部膨胀等与赤斑病相似的症状。一旦症状恶化，病鱼就会因全身衰竭无力而死亡。

治疗：如病鱼尚能进食，可经口投用抗菌素。如病鱼进食不良，则同时进行盐水浴和抗菌剂的药浴。病情一旦加重，则很难取得理想疗效。

防止复发：嗜水气单胞菌属于常在菌，对鲤鱼并没有很强的致病性。锦鲤健康状态不佳时，容易感染致病。因此，如果做好日常环境维护，使锦鲤保持较好的健康状态，就能够防止复发。

赤斑病

左：竖鳞病

右：竖鳞病症状——鱼鳞竖立打开，形如松果

新穿孔病

新穿孔病是病鱼感染新型（非传统型）杀鲑气单胞菌而引发的疾病。病原菌与原常见于低水温期的"穿孔病"的病原菌相似，但是由于新穿孔病多发于高水温期，且症状不同，与原有穿孔病存在诸多相异之处，因此，被称为"新穿孔病"。

症状：初期仅有一枚鳞片大小的地方充血变红。随着病情加重，充血部位面积扩大，继而发生溃疡，出现穿孔病症状。患部可遍及全身各个部位，如体表、面部及头部、鳃盖、鳍根以及鱼鳍。

与传统的穿孔病相比，新穿孔病传染性更强，病情发展更快，患病后死亡率更高。

治疗：应争取尽早发现，趁症状较为轻微，经口投用抗菌药。由于病原菌多具有耐药性，因此必须由专业机构进行药物敏感性试验[2]后，方能投放。否则，反而会导致病情进一

---

[2] 药物敏感性试验：培养病原菌，用吸附各种药物的试纸与细菌接触，通过试验的方法判断哪些药物对该病菌有效。

步加重。

　　除了经口投药以外，还可以注射抗菌药，并在病鲤的患部抹外伤药剂进行消毒。

　　防止复发：避免将带有病菌的病鲤放入池中是重中之重。一旦发现新穿孔病，就必须对水池彻底消毒，确保没有病菌残留。对于那些伤口面积较大的重症鱼，即使医治康复，也会留下后遗症，失去锦鲤应有的价值。因此，尽早处理病鲤，防止疫情扩散，才是较为明智的选择。

上：鳃盖和嘴部出现新穿孔病症状
下：新穿孔病

病毒性疾病——鲤鱼疱疹病（KHVD）

病因：感染鲤鱼疱疹病毒（KHV）。鳃鱼疱疹病2003年初次在日本爆发。据认为，该病毒来自日本境外。这是一种只有鲤鱼才会感染致病的特殊病毒。除了锦鲤、食用鲤和野生鲤，其他生物并不会感染这种病毒。

症状：鲤鱼疱疹病常见于16~30℃的水温条件下，20~30℃时最易爆发。感染初期，病鲤体色变得斑驳，背鳍翻折。病情加重后，眼球和面部凹陷，体表分泌出大量白色黏液。

患病鲤鱼动作迟缓，体表黏液全部剥离，身体发白溃烂。鳃部症状明显，黏液分泌异常，甚至糜烂或坏死。病鲤呼吸困难，集中在注水口及较为通风通气处，鱼体乏力，漂浮在水面，不久后死亡。

治疗：依据日本《可持续养殖生产确保法》的相关规定，该疾病被定义为特定疾病，目前尚未发现公认有效的治疗方法。发现疱疹病，一经专门机构确诊，政府部门必须对所有鲤鱼进行扑杀，并要求养殖场所进行彻底消毒。根据日本法律规定，行政机关对鲤鱼疱疹病毒的处置级别与禽流感、口蹄疫等疫病基本相同。

防止复发：发生鲤鱼疱疹病的养殖场和养殖池，必须对鲤鱼进行焚烧处理，将所有相关设施彻底消毒。发生过鲤鱼疱疹病的养殖场重新开始锦鲤养殖时，必须对引进的锦鲤或锦鲤的受精卵进行疱疹病毒检测，确认其病毒呈阴性。

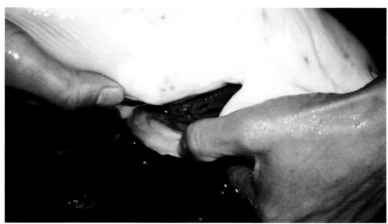

上：患 KHVD 的锦鲤

下：患 KHVD 的锦鲤鳃部

由于日本国内的野生鲤鱼也曾经爆发过全国性的疱疹病毒传染和发作的先例，存活下来的鲤鱼极有可能仍然携带有疱疹病毒，因此，严禁将湖水、河水带入养殖场或养殖池。

病毒性鲤鱼浮肿病

病因：鲤鱼浮肿病因感染病毒而起，其病原体与下文将要介绍的"病毒性睡眠症"的致病原因基本相同。

症状：病毒性鲤鱼浮肿病主要在每年6—7月间的梅雨期爆发而波及当岁幼鱼，病情发展迅速。据说，病毒性浮肿病从发现到感染爆发，三天以内所有鲤鱼无一幸存。近几年来，浮肿病病情发展大多较以往有所变缓。锦鲤幼鱼患浮肿病以后，全身浮肿，眼球凹陷，鳞片竖立，偶见出血。病鲤的鳃部黏连，影响呼吸功能，无法游动而浮出水面，随后很快死亡。

治疗：将养殖水的水温调高至30℃，用盐水浴进行治疗。为防止细菌二次感染，同时用抗菌剂进行药浴，可提高治疗效果。

防止复发：露天水池需放干池水，在阳光下曝晒干燥。如池水不能完全放干，则用含氯气的消毒剂消毒。室内水池可用消毒剂消毒。重新开始饲养鱼苗时，需用碘剂对受精卵消毒。

此外，捕食过病鲤的水鸟可能会将发生疫病的水池中的病毒携带到其他水池中，因此，对这些发生鲤鱼浮肿病的水池还需采取防鸟措施。

浮肿病

病毒性睡眠症

病因：一般认为，病毒性睡眠症的病原体与浮肿病相同。

症状：任何年龄的锦鲤都可能感染病毒性睡眠症。该疾病易发于低水温期换池以后。聚集在池底的锦鲤像睡着了一样横躺在水中，其中还有部分浮出水面。受到外界声响刺激时，鱼稍稍在水中游动一会，随后又恢复横躺状态。

外观可见鱼体浮肿，鱼鳍和体表充血，眼球凹陷。鳃部发生黏连的病鲤容易死亡。

治疗：发现有睡眠症症状的鱼以后，立即将池水的水温升高至20~25℃，同时用盐水和抗菌剂进行盐水浴和药浴，连续治疗两周，即可痊愈。

防止复发：病鲤治愈后对该病毒具有免疫力，不再复发。一般认为，患浮肿病后存活的锦鲤不会再患睡眠症。不过，这些存活的锦鲤在获得免疫力的同时，可能还会携带病毒。将它们与从未感染过浮肿病和睡眠症的锦鲤放在一起时，可能将病毒传染给其他锦鲤，导致疫情复发，因此仍需予以注意。

漂浮在水面的是患睡眠症的当岁锦鲤

疱疹病（疱疹性乳头瘤）

病因：疱疹性乳头瘤是不同于KHV的另外一种疱疹病毒（CHV）感染造成的。这种病毒只感染鲤鱼。

症状：该病一般波及一岁以上的鲤鱼，当岁幼鱼很少感染疱疹性乳头瘤。除夏季以外，水温低于20℃时容易发病。患病时，病鲤体表和鳍部出现白色有弹性的膨出物，如同鲤鱼体表沾上了白粉，所以也被称为"白粉病"。患病的锦鲤一般不会死亡，只是外表受损。

治疗：从初夏到夏季，当水温升高以后，膨出的肿块就会自然消失，病情好转。因此，锦鲤患病后，将水池的水温调高并维持在20℃以上，即可起到治疗的效果。

患病锦鲤体表和鳍部出现白色膨出物

防止复发：病鲤治愈后，身上仍携带有CHV病毒，最好不要将患过病的锦鲤与其他锦鲤混养在一起。

生活环境引起的疾病——跳跃引起的外伤

原因：因患寄生虫病、水质恶化或换池等原因，锦鲤常常跃出水面，碰撞到池壁等处，引起外伤。

症状：受伤的锦鲤轻则黏膜剥落，鱼鳍开裂，重则鳞片或表皮脱落，有明显出血。情况严重时，还会引起骨折。

如果受伤后未及时处理，伤口处附着了水霉、寄生虫或细菌，容易被误诊为炎症。

治疗：发现有锦鲤受伤，应立刻将其移入小水槽中，用浓度为0.6%的盐水和抗菌剂进行盐水浴和药浴，将水温调至20~25℃。及时换水，保持盐水和药浴水清洁，直至伤口不再出血，并长出薄薄一层黏液。

防止复发：首先找到锦鲤跃动不安的原因，及时排除隐患。此外，将锦鲤移入新池时，要注意采取预防措施，避免其受伤。

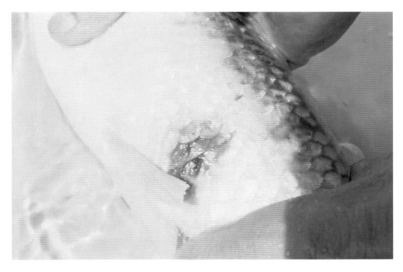

外伤

水质恶化

病因：鲤鱼对水质变化有着很强的适应能力。不过，鱼的排泄物、残留饵料都会引起的水中氨超标或产生亚硝酸盐等有害物质，对锦鲤造成危害。

关于锦鲤可以承受的氨气及亚硝酸盐的浓度上限，目前尚无定论。一般而言，应尽量将氨浓度和亚硝酸盐的浓度分别控制在10PPM（mg/L）、40PPM（mg/L）以下。氨气的酸碱度决定毒性大小。碱性越强，毒性越大；酸性越强，毒性越小。

症状：当锦鲤生活的水环境中碱性氨气浓度升高，锦鲤就会出现食欲减退、游动缓慢的现象，其鳃部黏液增多，呼吸困

急性缺氧

因水质恶化而漂浮在水面的锦鲤

难，甚至死亡。

当水中的亚硝酸盐浓度增高，则会引起亚硝酸盐中毒（高铁血红蛋白血症），出现摄食不良、游动异常、呼吸困难等症状。

治疗：当池水氨浓度和亚硝酸盐浓度升高，锦鲤出现呼吸困难的症状时，应立即更换池水。尽可能立即将锦鲤从原来的水池中捞出，移入干净水中。

防止复发：注意不要投放过量的饵料，以免对锦鲤消化造成负担。同时，注意对池水加氧。此外，为防止水质恶化，需时常将池内的底水放出，经常不定期注入新水。

现在，锦鲤的饲养池基本都配备了过滤循环系统。当过滤槽内的微生物正常发挥净化作用（硝化作用）时，可将水中的氨转化为亚硝酸盐，然后再通过硝化作用将亚硝酸盐进一步分解为毒性较低的硝酸。不过，如在水池消毒过程中杀死了净化槽里的微生物，或者因通气不足水中溶氧大幅减少时，硝化作用无法正常进行，会导致氨浓度急剧升高。因此，要特别注意各种药剂的使用。

原因不明的疾病——卵巢肿瘤（肠梗阻）

症状：为了保持锦鲤的观赏价值，有时会人为地阻止部分锦鲤产卵，这些雌性锦鲤容易罹患卵巢肿瘤。患病锦鲤发育成熟后，腹部异常膨出，随着症状加重，膨出部分出现竖鳞和充血的现象。

卵巢肿瘤（肠梗阻）

　　症状进一步恶化，还会出现眼球突出、身体褪色、身体反弓等现象。解剖其腹部，可见卵巢内长有巨大肿瘤。

　　治疗：目前还没有成熟的治疗手段。

　　防止复发：锦鲤自然产卵，即可防止卵巢肿瘤发生。

绯食症病灶

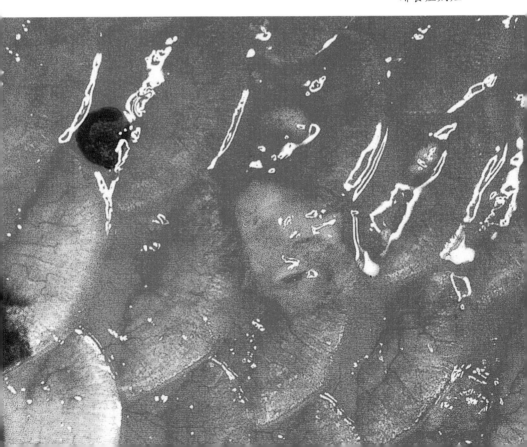

绯食症

症状：绯食症是发生于锦鲤体表的肿瘤，发病锦鲤仅限于两岁以上的红白和大正三色。病鱼发病部位的表皮颜色逐渐消退，慢慢变白。肿瘤的面积从米粒大小一直发展到数片鱼鳞大小。

治疗：在症状较轻微时，将病鲤捞出，麻醉后用医用手术刀剥离肿瘤。如果剥离不当，肿瘤仍然会复发，或累及色素细胞，影响红色花纹再生。因此，手术时需注意细心处置。手术完成后，需在伤口处涂上抗菌剂。

防止复发：肿瘤发生的原因不明，因此目前尚无具体的防治措施。该疾病可能与观赏池水质管理不善有关。

后　记

30 多年前，一个懵懂少年决意将锦鲤作为自己一生的事业，他不顾父亲和亲朋好友的反对，毅然坐上了"上越线"火车，去追寻师傅间野一郎。那时的他，身体微微地发颤，期待和不安在心底交织。那个少年就是当年的那个我。时至今日，当时的情景仍然鲜明地铭刻在脑海深处，如同昨天刚刚发生那样。

经过五年的修行，我回到了故乡福冈县久留米市，真正开始了锦鲤创业之路。在大家的支持和鼓励下，转眼之间，三十年过去了。

执笔开始写作本书，仿佛是命运之神在冥冥中召唤。从前的我，几乎从来没有写过什么像样的文章，是心中燃烧着的对锦鲤永不熄灭的热爱之情，成为我创作完成本书的不竭动力。

晚饭后，每当有了片刻闲暇，我便坐在电脑前，用一根手指很不熟练地敲击着键盘。当时，还在上小学的儿子看到我那笨拙的样子，忍不住自告奋勇地说："老爸，我来帮你打字吧！"这让我想起人们常说的一句话：儿子是看着父亲的背影长大的。回想自己的成长经历，不正是师傅间野一郎和我那已经离世的老父亲的言传身教，塑造了今天的我吗？想到这里，我仿佛感觉到自己身后有儿子的目光，丝毫不敢松懈。

　　锦鲤产业发展至今，子承父业、父子相传的传统也绵延至今。在本书即将付梓之际，我发自内心地祝愿锦鲤产业能够世代相传，永远焕发生机和活力。

　　在本书创作过程中，新日本教育图书出版社的藤田修司社长给予了莫大的鼓励，九州水生生物研究所的稻田善和所长给了我许许多多无私的帮助。借此机会，谨向他们表示最衷心的感谢。

　　若本书对锦鲤产业将来的发展能够发挥一点作用，将是我无上的荣光。

尾形学

2011.4